음질 보정을 위한 레코딩 방법과 프리미어 프로 오디오 이펙터 사용법

프리미어 프로의 오디오 이펙터 테크닉

알파미디어

시작하며

지금은 10명 중 9명이 보고 있을 정도로 많은 사람들이 유튜브와 같은 인터넷방송을 시청하고 콘텐츠를 소비하는 시대이다. 단순하게 미디어를 소비하는 행위에서 벗어나서 스마트폰만 있으면 누구나 미디어 콘텐츠 창작자가 될 수 있게 되었고 일반인들도 인터넷방송에 참여하여 연예인 못지않은 인기와 파급력을 누리는 인플루언서가 되는 세상이 열린 것이다.

하루가 지나기 무섭게 미디어 플랫폼들은 발전하고 있고 스마트폰으로도 영상 편집을 할 수 있는 앱이 새롭게 출시되고 있는데 그 기능도 초기에 비해서 많이 좋아졌고 영상 편집을 하는데 있어서 불편함이 없을 정도로 자주 사용하는 기능들도 많이 추가되어 있다. 하지만 영상 편집을 위한 앱으로는 PC 기반의 영상 편집 프로그램을 따라잡을 만큼 고퀄리티의 콘텐츠를 제작하기에는 아직 한계가 있는 것도 사실이기 때문에 많은 편집자들이 프리미어 프로나 파이널 컷 프로와 같은 프로그램을 사용하고 있다. 또한 이들 프로그램 사용법에 대한 매뉴얼서와 유튜브 강좌들도 손쉽게 찾아볼 수 있지만 대부분 비디오 편집에 국한되어 있다.

동영상이라는 것은 비디오와 오디오의 결합체이다. 촬영, 이미지나 비디오에 대한 보정이 필요하듯이 좋은 음질을 얻기 위한 녹음과 오디오에 대한 보정도 편집의 중요한 요소이다. 그리고 오디오 이펙터는 그 개념만 정확히 이해한다면 프로그램의 종류와 상관없이 적용하여 사용할 수 있다.

이 책은 이미 프리미어 프로나 파이널 컷 프로와 같은 프로그램을 사용할 수 있지만 보다 더 품질 좋은 콘텐츠를 제작하고 편집하기를 원하는 분들에게 도움이 되기를 바라며 집필하였다. 오롯이 좋은 음질을 만들기 위한 소리의 원리 및 녹음장비 소개, 그리고 오디오 보정에 필요한 오디오 이펙터의 개념과 사용법에 중점을 두고자 하였다.

2022년 2월

이정원

C o n t e n t s

01 소리란 무엇인가?

1. 소리의 원리

오디오를 편집하기 전에 먼저 소리에 대한 이해를 해보자.
소리라는 것은 공기의 파동이다. 발음체, 즉 어떤 물체에 충격이 가해져서 진동이 발생하면 그 파동이 공기를 통하여 우리의 귀에 도달되는 것이 소리의 전달 원리이다.

1. 진동이 발생한다.
2. 진동이 주변에 있는 공기에 파동을 일으킨다.
3. 그 공기는 귀의 고막을 진동시킨다.
4. 고막의 진동은 귓속의 작은 뼈들(청소골)을 진동시킨다.
5. 뼈의 진동은 달팽이관의 청세포를 자극하여 전기 신호를 발생시킨다.
6. 신경은 뇌에 전기 신호를 보내고 뇌는 이 신호를 소리로 감지하게 한다.

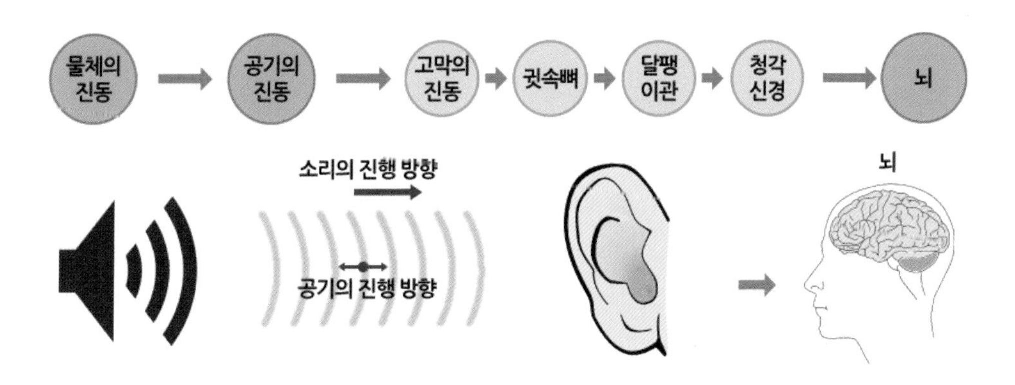

예를 들어 다른 길이의 고무줄 2개를 당겨보자. 길이가 긴 고무줄은 위아래로 천천히 움직이며 진동을 할 것이고 길이가 짧은 고무줄은 빠르게 진동을 할 것이다.

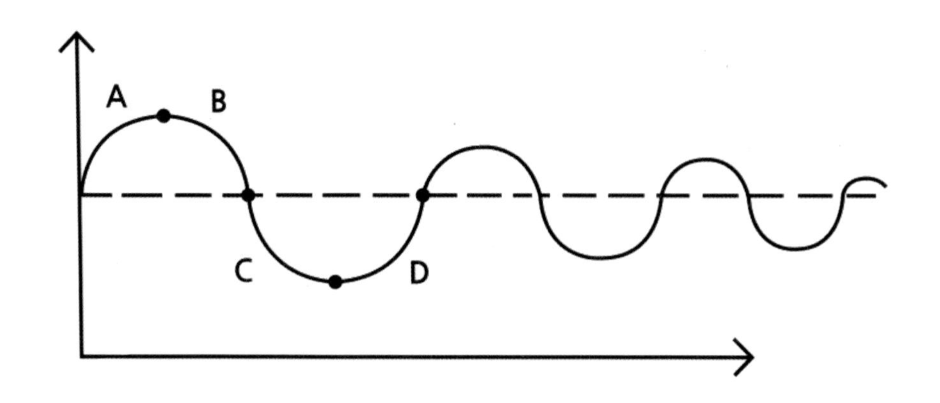

A	줄이 당겨지는 부분
B	줄이 원래의 자리로 다시 돌아오는 부분
C	줄이 반동으로 인해 반대 방향으로 움직이는 부분
D	줄이 원래의 자리로 다시 돌아오는 부분

〈사이클(Cycle)의 개념〉

어느 고무줄에서 더 높은 소리가 나는가? 당연히 짧은 줄에서 더 높은 소리가 날 것이다. 이러한 진동수에 따른 소리의 높낮이를 이용해서 우리는 악기를 만드는 것이다. 줄로 이루어져 있는 악기인 기타(Guitar)를 떠올려 보자. 같은 줄이라도 더 긴 길이의 상태로 만들고 튕겼을 때 낮은 음이 나고 그 줄의 중간을 잡아 줄을 짧게 만드는 순간 높은 음으로 바뀌는 것을 알 수 있을 것이다.

이렇게 진동이 위아래로 움직이고 제자리로 돌아오는 것을 사이클(Cycle)이라고 하고 진동이 1초에 몇 번의 사이클을 가지는가에 대한 단위가 Hz이다. 1초에 한 번 진동이 일어나면 1Hz가 되는 것이고 100번의 진동이 일어나면 100Hz가 되는데 이것을 우리는 주파수라고 한다. 즉 1초 동안의 진동 사이클 수가 헤르츠(Hertz, Hz)인 것이다.

결국 소리는 진동이기 때문에 이 진동의 성질에 대하여 이해해야 한다. 진동이란 것은 같은 시간 안에 얼마나 많은 횟수로 일어났는가와 진동의 크기가 얼마나 큰가에 대한 진동수와 진동폭을 가지며 이러한 요건들이 소리의 성질을 결정짓는다. 진동수가 많으면 높은 음이 되고 진동수가 적으면 낮은 음이 된다. 그리고 진동수가 같을지라도 진폭이 얼마나 차이가 나는지에 따라 소리의 크기가 결정된다.

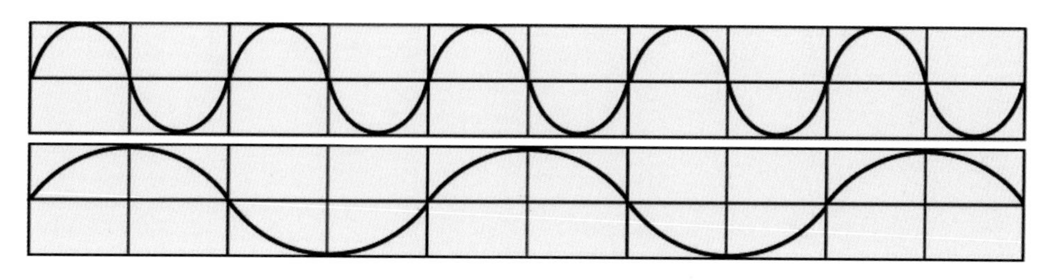

〈진동수의 변화 – 음의 높낮이〉

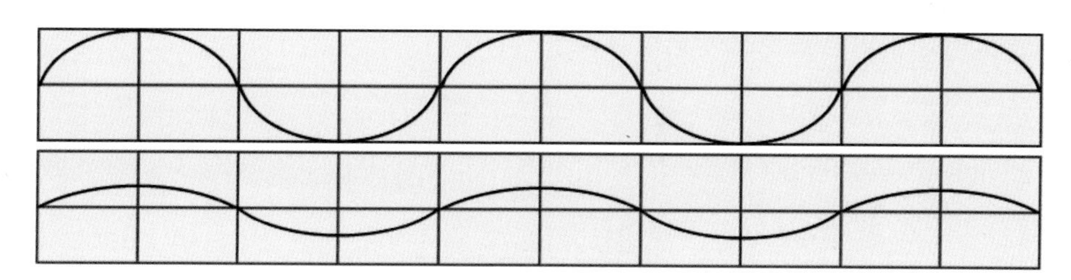

〈진폭의 변화 –음량〉

하지만 진동이 생긴다고 해서 모든 소리를 들을 수 있는 것은 아니다. 진동이 규칙적이며 일정한 높이가 있는 소리를 음이라고 인지하고 들을 수 있게 되는 것이다.

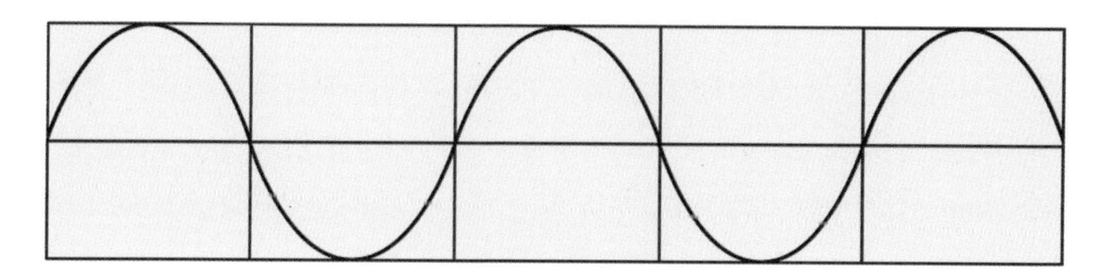

〈진동이 규칙적인 소리〉

반대로 진동이 불규칙적이며 일정한 높이가 없어서 소리의 성질을 뚜렷이 알 수 없다면 그냥 시끄러운 소음으로 인식하게 될 뿐이다.

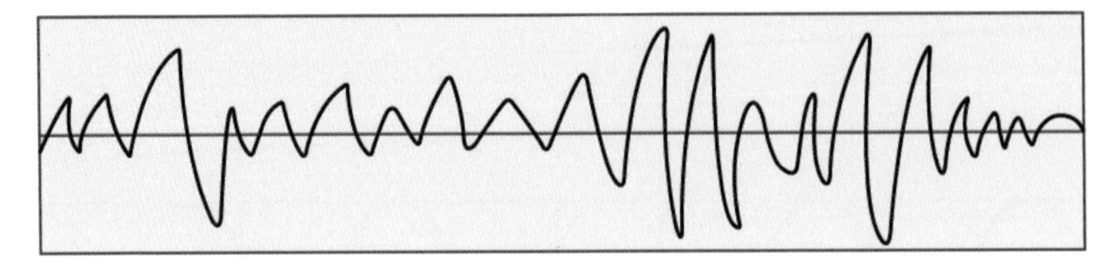

〈진동이 불규칙적인 소리〉

2. 음색이란 무엇인가?

진동에 따른 소리의 요소를 정리해 보자.

- **높이**(Pitch) : 소리의 높고 낮음을 말하며 일정한 단위이다. 그리고 시간 안에 울리는 진동수에 의하여 정해진다.
- **길이**(Length, Duration) :소리의 길고 짧음을 말하며 진동 시간에 비례한다.
- **강약** (Dynamic, Insensity) : 소리의 세고 여림을 말하며 진폭에 의하여 결정된다.
- **음색**(Tone- color) : 소리의 빛깔을 말하며 진동하는 음의 파형에 따라 달라진다.

음색은 파형에 따라 달라지는데 파형이라는 것은 진동에 의하여 나타나는 소리적인 특성이다. 진동이라는 것이 1개만 있는 것이 아니고 잔 진동을 포함한 여러 진동이 발생시키는 배음(Harmonics) 주파수가 합쳐진 것이 파형인데, 이것이 음색을 결정하게 된다. 그래서 기본적인 진동에서 우리는 기본음(기음, 바탕음, Fundamental)이라는 요소로 음정을 알게 되는 것이고 나머지 주파수의 배열에 따라 같은 음정이라도 다른 음색을 느끼게 되는 것이다.

파형에 따라 각기 다른 느낌의 음색을 주게 된다. 기본적인 파형들은 정현파(Sign wave), 사각파(Square wave), 삼각파(Triangle wave), 톱니파(Sawtooth wave) 등이 있다.

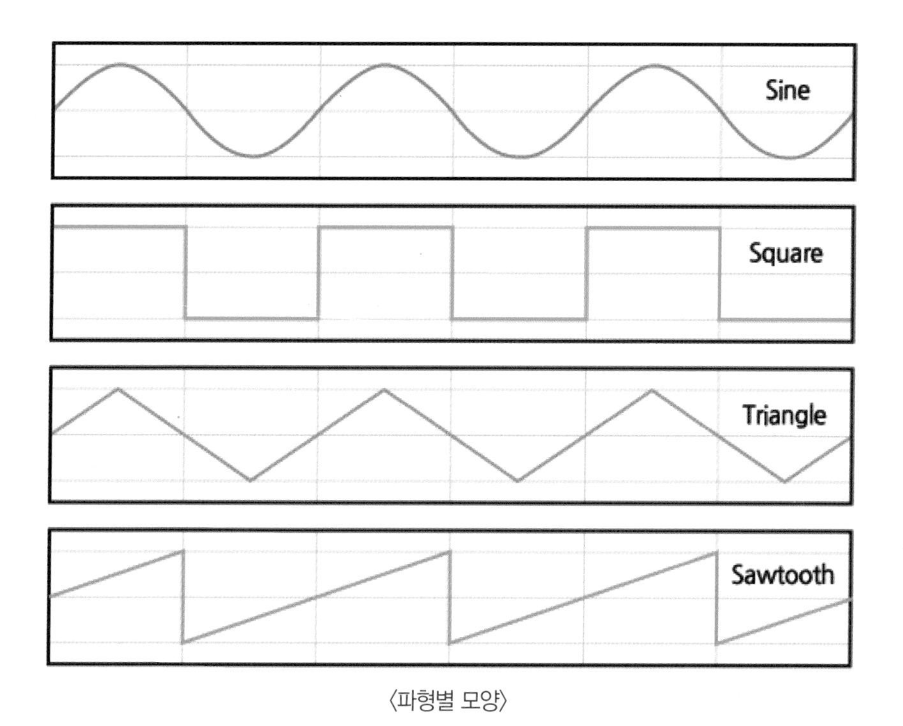

〈파형별 모양〉

- **정현파**(Sign wave) : 부드럽고 투명하고 둥근 느낌이며 피리, 플룻, 피아노 같은 악기 소리이다. 파형에서 음정을 결정하는 기음 주파수만 존재한다.
- **사각파**(Square wave) : 소박하면서도 목가적인 느낌이며 클라리넷, 목소리, 우드 베이스 같은 악기 소리이며, 비어 있는 듯한 음색을 가진다.
- **삼각파**(Triangle wave) : 정현파와 많이 비슷한 느낌이지만 더 밝고 강한 느낌이다.
- **톱니파**(Sawtooth wave) : 화려하기도 하고 날카롭기도 한 느낌이며 바이올린, 금관 악기, 튜바 같은 악기 소리이다. 가장 풍부하고 강한 음색적인 특징이 있다.

3. 가청 주파수

사람은 모든 주파수 대역을 들을 수는 없다. 일정한 주파수 영역만 들을 수 있는데 이것을 가청 주파수라고 한다. 인간의 가청 주파수는 20Hz ~ 20.000Hz(20kHz)까지이다. 그렇다고 모든 사람이 이 주파수 대역을 다 들을 수 있는 것도 아니다. 나이를 먹어감에 따라 들을 수 있는 주파수 대역이 점점 줄어들고 환경에 따라서 들을 수 있는 주파수 대역도 달라지기 때문이다.

최고 가청 주파수	나이에 따른 가청 주파수
8.000Hz	보청기 착용 고려
12.000Hz	40대 정도
14.100Hz	30대 정도
14.900Hz	20대 후반
15.800Hz	20대 중반
16.700Hz	20대 초반
17.700Hz	10대 후반
18.800Hz	10대 초반
21.100Hz	동물(개) 수준

〈나이에 따른 가청 주파수 대역〉

일반적인 음악에서는 이러한 가청 주파수 대역을 고려하여 전 주파수 대역에 걸쳐서 악기들을 골고루 분배한다. 악기들도 저음 담당 악기, 중음 담당 악기, 고음 담당 악기들로 배치하며 상황에 따라 저음 악기임에도 불구하고 음역을 조금 높게 잡고 편곡을 한다든지 아니면 다른 악기와 자신의 음역대가 겹치지 않게 작 · 편곡을 하는 방식으로 모든 주파수 영역에 신경을 쓴다, 그리고 작 · 편곡이 아니더라도 사운드를 최종적으로 보정할 때 여러 가지 이펙터들을 이용하여 부족한 주파수 대역을 보완하기 위하여 애를 쓰는 것이 일반적이라는 것을 알아두자.

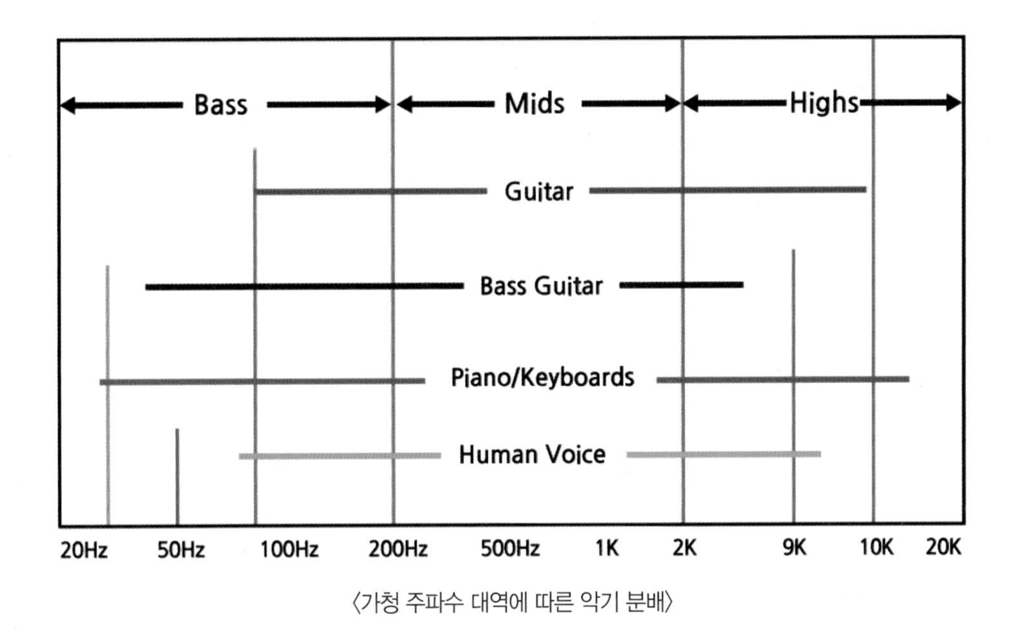

〈가청 주파수 대역에 따른 악기 분배〉

사람과 동물은 서로 가청 주파수가 다르다. 그래서 사람은 아무 소리도 듣지 못하는데 고양이나 개가 갑자기 무엇인가에 반응하는 것을 볼 수 있다. 또한 코끼리나 두더쥐 같은 동물은 거의 0Hz에 가까운 굉장히 낮은 저주파수를 들을 수 있고 박쥐는 110,000Hz, 돌고래는 150,000Hz의 고주파수를 들을 수 있다고 한다. 참고로 20Hz 미만은 초저주파(Infrasound), 20,000Hz 이상은 초음파(Ultrasound)라고 한다.

4. 데시벨(dB, Decibel)

데시벨은 데시와 벨의 합성어로 벨의 10분의 1을 의미한다. 벨은 전화기를 발명한 것으로 알려진 알렉산더 그레이엄 벨(Alexander Graham Bell, 1847-1922)의 이름을 딴 것이고 전력이나 소리 에너지 같은 두 가지 파워값의 크기 비교를 위해 상대적 비율을 상용로그로 나타낸 값의 단위이다. 과학, 공학 분야에서 많이 사용되고 음향공학과 전자공학에서도 많이 사용된다.

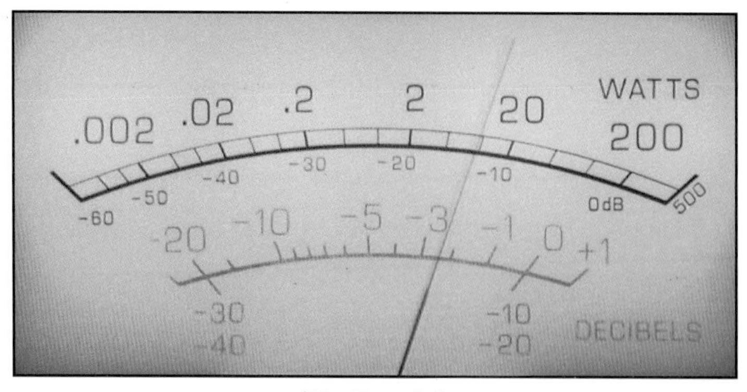

〈엠프의 VU미터〉

소리의 크기를 보여주는 미터를 보면 위쪽에는 와트(Watt)가 있고 아래쪽은 (Decibell)로 표시되어 있는 것을 볼 수 있다. 전력에 따른 음압의 양을 보여주기 때문이다. 그리고 소리 크기가 1dB에서 2dB로 늘어날 때 2배로 커지는 것은 아니니까 주의하자. 우리가 계산법까지 알기에는 너무 복잡하므로 데시벨은 10dB마다 10배씩 커진다는 정도만 알아두자.

0dB	1배
3dB	2배
6dB	4배
9dB	8배
10dB	10배
13dB	20배
16dB	40배
19dB	80배
20dB	100배
30dB	1,000배
40dB	10,000배

〈데시벨 증가에 따른 소리 크기 차이〉

데시벨에 따라서 어느 정도 소음으로 느끼는지를 살펴보자.

dB	소음
0 dB	거의 안들림
20 dB	1미터 거리에서의 곤충 소리
30 dB	공중 도서관, 속삭임 소리
40 dB	거실의 소음
50 dB	적은 교통량, 냉장고
60 dB	보통 대화소리, 에어컨
70 dB	많은 교통량, 소란스러운 레스토랑
80 dB	지하철, 시끄러운 공장
90 dB	잔디 깎는 기계소리, 대형 트럭
100 dB	전동톱, 드릴
120 dB	록 콘서트
140 dB	미사일 발사, 제트 엔진
180 dB	로케트 발사

〈데시벨 증가에 따른 소음 인지 차이〉

동영상을 포함하여 오디오가 들어가 있는 미디어를 작업이나 편집하기 위해서는 이러한 소리의 성질과 원리, 주파수에 대한 이해가 반드시 전제되어 있어야 한다. 이 부분을 이해하고 있어야만 나중에 오디오를 편집하는 데 있어서 여러 효과를 적용하기 위한 이펙터의 개념도 이해할 수 있기 때문에 소리의 원리는 꼭 알아두자.

02 마이크의 원리와 구조

우리가 소리를 녹음받기 위한 기기가 마이크이다. 먼저 마이크의 원리를 살펴보면 사람이 소리를 듣는 과정과 같다는 것을 알 수 있다. 마이크는 공기 압력을 인식하고 그 압력의 변화를 전기 신호로 변환하는 장치이다. 마이크의 감도가 높거나 낮다는 것은 마이크의 성능을 나타내는 것이며 공기 중의 소리를 얼마나 민감하게 받아들이는 것인가를 판단하는 것이다. 물론 마이크는 하드웨어이기 때문에 물리적인 부품의 성능에 따라서 수음 능력의 차이가 발생하지만 질 좋은 녹음을 하기 위한 중요한 공통요소 중의 하나는 마이크와 입과의 거리 및 방향이다. 소리가 발생하는 곳과 마이크의 거리가 멀수록 소음이 유입되기 쉬우며, 소음도 크게 녹음 될 가능성이 높다. 이런 경우는 후보정을 통해서 노이즈를 제거하기 힘들며 깨끗하고 질 좋은 소리를 만들 수 없다. 그래서 처음부터 좋은 소리를 녹음 받는 것이 가장 중요한데, 마이크를 이용하여 좋은 소리를 녹음받기 위한 최선의 방법은 항상 입과의 거리를 가깝게 하는 것이며 그 거리와 방향을 유지하는 것이다. 대부분의 마이크들은 방향이 틀어지면 소리 크기뿐만 아니라 음색도 바뀌기 때문에 항상 방향에도 신경을 써야하는데 마이크의 종류에 따라 결과가 더 심하게 달라질 수도 있다. 그리고 콘텐츠 주제나 내용에 따라서 녹음하는 환경도 바뀔 수 있기 때문에 마이크의 특성을 잘 이해하여 상황별로 다른 마이크를 사용해야 한다.

일반적으로 많이 사용하는 다이내믹 마이크의 구조를 살펴보면 다음과 같은 5가지로 구성되어 있다.

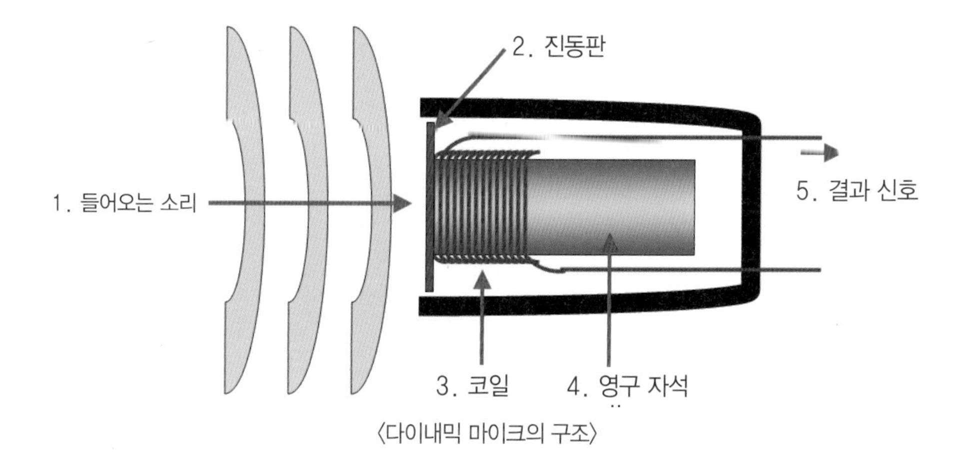

〈다이내믹 마이크의 구조〉

마이크가 작동하는 방식은 다음과 같다.

공기가 진동을 일으킨다 → 그 진동이 마이크 수음부에 달려 있는 진동판을 진동시킨다 → 마이크 안 자석에 감겨 있는 코일이 소리의 진동수와 같은 교류 유도 전류를 발생시킨다 → 전기 신호가 발생된다

이러한 순서가 소리를 받아들이는 마이크 작동 방식이다. 결국 마이크라는 것은 소리를 전기 신호로 바꾸는 장치이며 진동을 잡아내기 위하여 사용하는 전자 부품의 방식에 따라서 마이크의 종류가 분류된다.

우선 마이크의 종류별 이해를 위해서는 수음 방향에 대하여 알아야 한다. 마이크는 지향성 마이크와 무지향성 마이크가 있다.

1. 지향성 마이크(Polar Pattern Microphone)

지향성(Polar Pattern)이란 마이크가 레벨이나 음색의 변화 없이 소리를 받아들이는 범위를 각도로 표현한 것이다. 마이크의 정면을 0도라고 하고 그것을 기준으로 범위를 잡는다. 마이크의 지향 각도가 120도면 마이크 중심부인 0도를 기준으로 좌우 60도씩 소리가 녹음되는 방식이다.

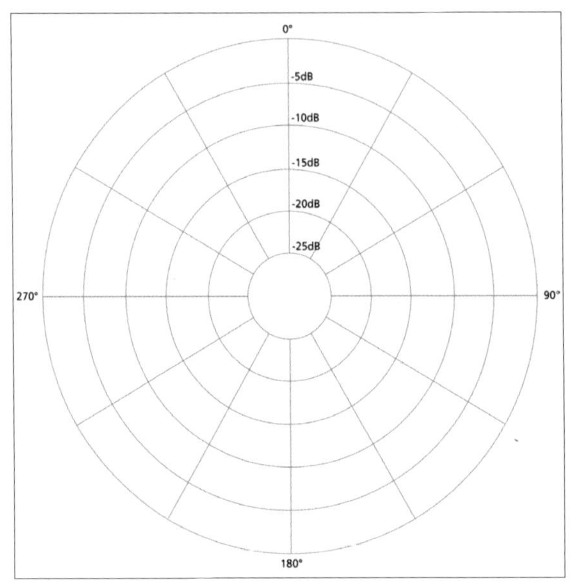

Galak76, CC BY-SA 3.0 via Wikimedia Commons

〈마이크의 수음 범위〉

2. 무지향성 마이크(Omnidirectional Microphone)

무지향성(Omnidirectional)이란 말 그대로 지향성이 없다는 의미이다. 모든 방향에서 발생하는 모든 소리들을 동일한 감도로 수음한다. 잡음을 분리하는 능력이 떨어지기 때문에 일반적으로 사용되는 마이크는 아니다. 녹음 스튜디오에서 많이 사용되며, 방의 음향 특성을 측정하기 위한 용도로도 사용된다. 또한 클래식과 오케스트라 음악 녹음에도 많이 사용한다.

3. 양지향성 마이크(Bi-Directional Microphone)

양지향성 마이크는 정면부와 후면부로만 소리를 받아들이며 지향성의 모양이 마치 숫자 8과 비슷하게 생겼다 하여 Figure-8이라고도 부른다. 정면부와 후면부를 제외한 측면부로 갈수록 감도가 떨어진다. 측면부의 소리는 위상 반전으로 캔슬링당한다. 이러한 이유는 양지향성 마이크의 특징이며 전면의 소리는 정위상 신호이고 후면의 소리는 역위상 신호이기 때문이다. 즉, 소리들이 같은 시간에 진동판 앞면과 뒷면에 입사되기 때문이며 노이즈 캔슬링 이어폰처럼 발생되는 소리에 정확히 반대되는 위상을 만들어 주면 소리가 사라지는 원리 때문이다. 양지향성 마이크는 양방향에서 진행 하는 인터뷰에 사용할 수 있으며 정면부로는 직접음을 받고 후면부로는 반사음을 받을 수 있는 특징을 활용해서 앰비언스(공간음) 마이크를 설치하지 않아도 직접음과 반사음의 조화가 좋은 악기 소리를 녹음받을 수도 있다.

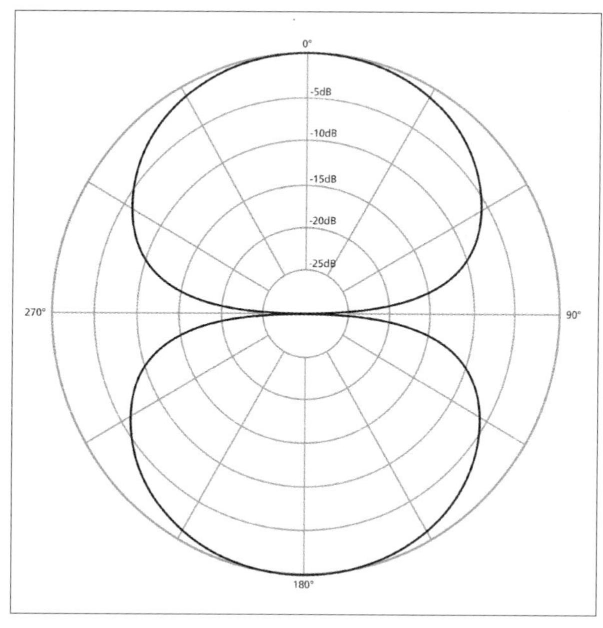

Galak76, CC BY-SA 3.0 via Wikimedia Commons

〈양지향성 마이크의 수음 범위〉

4. 단일지향성 마이크(Cardioid)

단일지향성 마이크(Cardioid) 마이크는 정면에 대한 감도가 가장 좋은 마이크이다. 후면부로는 소리를 잘 받아들이지 않는 특성이 있기 때문에 다용도로 사용하기 좋다. 만약 청중이 있는 공연장에서 무대 위 가수가 마이크를 통하여 노래를 부르고 있는데 이때 청중들의 환호소리들이 마이크 후면부로 들어온다면 그 소리들이 증폭되어 스피커로 재생되는 상황이 발생할 것이다. 그래서 일반적으로는 직접음 수음을 목적으로 많이 사용한다. 물론 측면부에서도 어느 정도는 소리를 받아들이기 때문에 직접음과 공간음도 함께 받을 수 있기는 하다. 그리고 상황에 따라 원하는 방향으로만 수음을 받아야 하는 경우도 있기에 단일지향성에도 여러 종류가 있다. 단일지향성 마이크의 종류로는 카디오이도(Cardioid), 슈퍼 카디오이드(Super Cardioid), 하이퍼 카디오이드(Hyper Cardioid), 샷건(Shotgun)으로 분류한다. 이것은 마이크 정면부로 받아들일 수 있는 각도의 차이와 수음 차이로 구분한다.

1) 카디오이도(Cardioid)

마이크의 수음 패턴이 마치 심장을 닮았다고 해서 카디오이드 마이크라고 하는데 그리스어로 Cardio가 심장이라는 뜻이다. 마이크 뒤쪽에서 들어오는 소리는 수음되지 않는 특성 때문에 소리에 대한 분리력이 좋은 편이어서 광범위하게 사용된다. 우리가 실생활에서 많이 사용하게 되는 대부분의 마이크는 단일지향성 마이크이다.

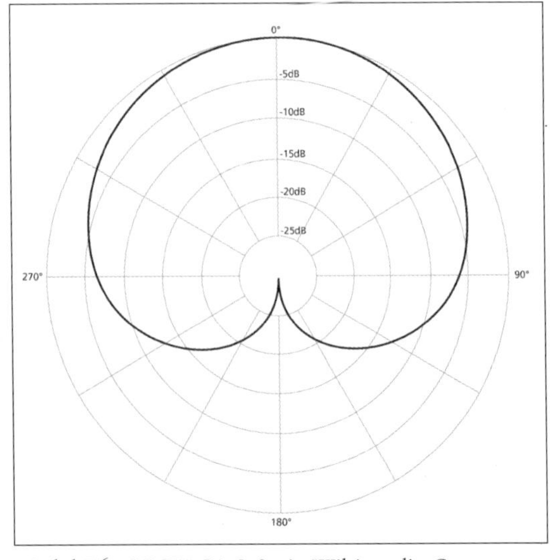

Galak76, CC BY-SA 3.0 via Wikimedia Commons
〈단일지향성 마이크의 수음 범위〉

2) 슈퍼 카디오이드(Super Cardioid) & 하이퍼 카디오이드(Hyper Cardioid)

카디오이드 마이크의 단일지향성보다 더욱 정면에 대한 수음에 최적화되어 있다. 잡음을 제한해야 하는 환경에서 많이 사용되며 무지향성과 양지향성의 특성을 적절하게 조합한 형태이다. 따라서 카디오이드와는 수음 패턴이 다르다. 슈퍼 카디오이드와 하이퍼 카디오이드는 영화나 방송 프로덕션 현장에서 많이 사용되며 라이브 공연장에서도 카디오이드 마이크와 함께 많이 사용된다. 슈퍼 카디오이드 보다는 하이퍼 카디오이드가 더 정면지향적이며 정면지향과 반대로 갈수록 측면을 비교적 지향하게 되므로, 주변 소리까지 같이 수음될 수 있는 특성이 생긴다.

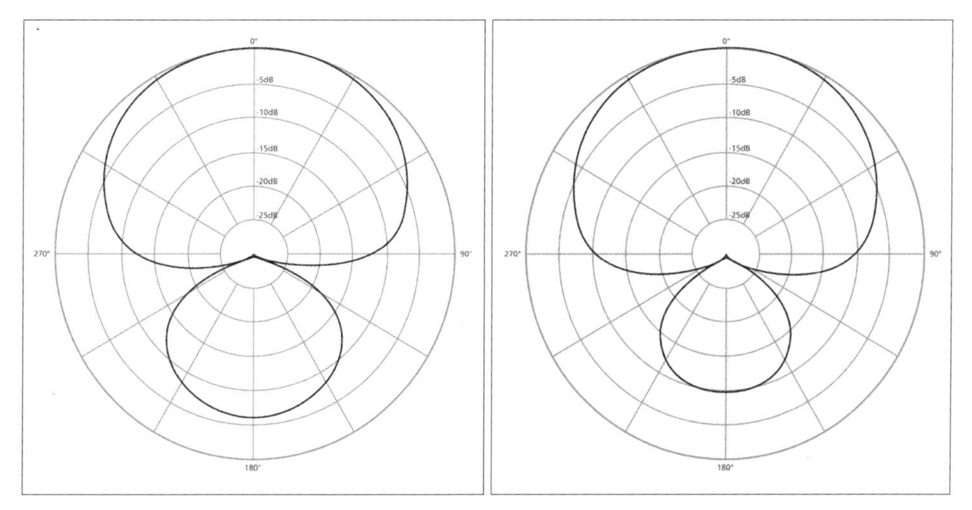

Galak76, CC BY-SA 3.0 via Wikimedia Commons
〈슈퍼 카디오이드(좌), 하이퍼 카디오이드(우) 마이크의 수음 범위〉

3) 샷건(Shotgun)

일명 붐 마이크라고도 불린다. 대체로 영화 촬영장, 방송 촬영장, 스포츠에서 사용된다. 특정한 소리를 집중적으로 수음하기 위한 목적으로 사용되며 음원이 마이크의 각도에서 조금이라도 빗겨나갈 경우 소리가 깔끔하게 수음되지 않을 수 있다. 반면에 야구장에서 타자가 배트로 공을 맞출 때 나는 소리를 잡을 수 있을 만큼 방향성이 매우 뛰어나다. 화면에 나오지 않게 하기 위하여 Boom Pole이라는 긴 봉을 이용해서 많이 사용하며 주로 야외에서 사용하는 특성상 강한 바람에 노출될 수 있기에 바람 소리를 막을 수 있는 액세서리가 필요하다.

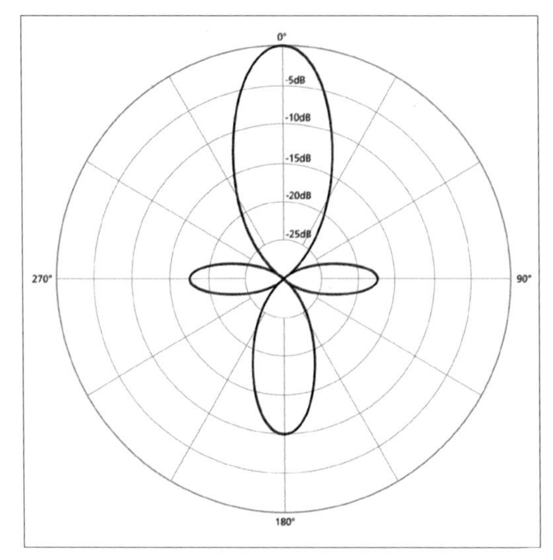

Galak76, CC BY-SA 3.0 via Wikimedia Commons
〈샷건 마이크의 수음 범위〉

단일지향성 특성을 가진 마이크들의 수음 범위를 비교해 보자

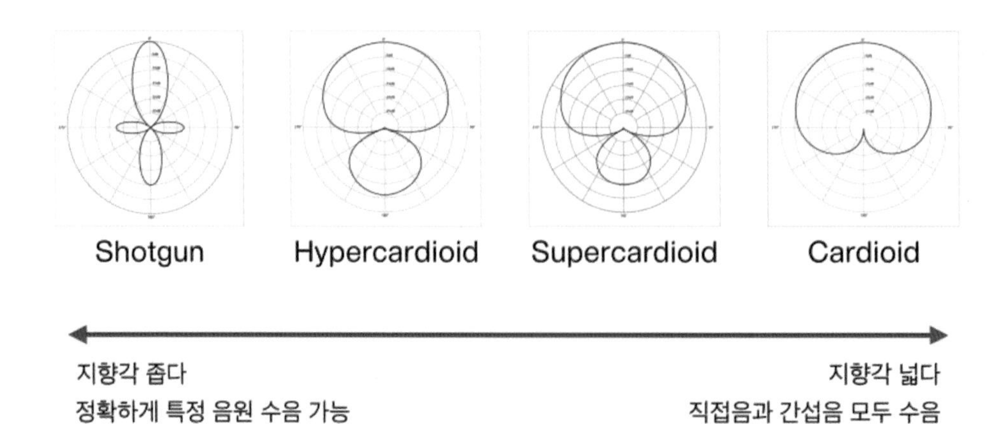

〈마이크 종류에 따른 수음 범위와 특성〉

03 변환 방식에 따른 마이크의 종류

1. 다이내믹 마이크(Dynamic microphone)

가장 흔하게 볼 수 있는 마이크의 형태이다. 진동판이 진동을 감지하면 자석을 감고 있는 코일을 움직이게 하여 전기를 발생시키는 원리이기 때문에 무빙코일 마이크라고도 한다. 1874년 처음 개발된 가장 오래된 방식의 마이크이며 비교적 구조가 단순하고 튼튼하기 때문에 사용하기 편리하다.

충격에 강하고 온도와 습도에도 강한 내구성을 지닌다. 그리고 다이내믹 레인지(Dynamic Range, 작은 소리와 큰 소리의 차이)가 크기 때문에 큰 소리가 들어와도 잘 견딘다는 장점까지 있어서 보컬이나 타악기(드럼 등)의 종류에도 많이 사용된다.

〈다이내믹 마이크〉

많은 장점을 가진 다이내믹 마이크지만 콘덴서 마이크에 비해 비교적 섬세한 소리는 잡아내지 못하며 근접화 현상을 가지고 있다. 근접화 현상(Proximity Effect) 또는 근접효과란 마이크와 입과 거리가 가까워질수록 저음이 많이 발생하는 현상이다. 반대로 입과 마이크의 거리가 멀어지면 소리의 크기만 줄어드는 것이 아니고 저음 부분도 적어진다. 때문에 마이크와 입의 거리를 일정하게 유지하는 것이 동일한 음색을 얻기 위해서는 중요하다는 것을 기억해야 한다.

단일지향성 특성을 가지고 있기 때문에 약간이라도 소음이 발생할 수 있는 일반적인 장소에서는 원하는 방향의 소리만 수음할 수 있는 다이내믹 마이크가 훨씬 유용하게 사용된다는 것을 기억하자.

2. 콘덴서 마이크(Condenser microphone)

콘덴서 마이크(Condenser microphone)는 다이내믹 마이크와는 다르게 스스로 전기를 만들어 내지 못하는 특징이 있다. 그래서 별도의 외부 전원을 필요로 하는데 이를 팬텀파워 또는 +48V라고 한다. 보통 +48V가 많이 사용되나 드물게 아닌 경우도 있다는 것을 알아두자. 콘덴서 마이크의 특징은 좋은 주파수 응답과 비교적 섬세하다는 특징이 있다. 이러한 이유는 콘덴서 마이크의 구조적인 특징에서 발생한다.

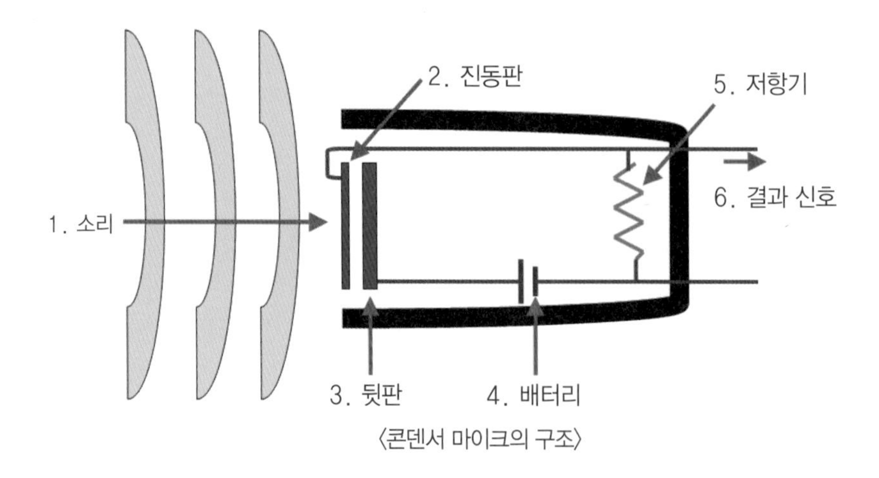

〈콘덴서 마이크의 구조〉

콘덴서 마이크를 쉽게 설명하면 전기에 의해 진동판이 이미 신호를 받아들일 준비를 하고 있기 때문에 미세한 진동이 들어오기만 해도 수음이 가능해서 작은 소리에도 반응하는 것이다. 그런데 자가발선의 방식이 아니기 때문에 마이크에 장착된 콘덴서는 높은 교류 저항을 가지며 이 저항을 낮게 매칭해 주면서 신호를 증폭하는 기능이 있어야 한다. 그래서 모든 콘덴서 마이크에는 신호를 증폭해 주는 기능인 내장 프리앰프를 가지고 있어야 하며 이러한 프리앰프의 증폭 성능 때문에 콘덴서 마이크의 감도가 크게 향상되기에 비교적 마이크의 가격이 비싼 편이다.

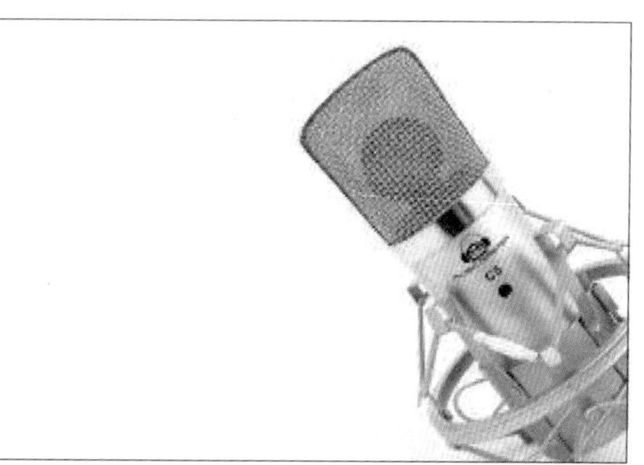

〈콘덴서 마이크〉

콘덴서 마이크는 이러한 섬세한 주파수 응답 때문에 녹음 스튜디오와 같이 주변 소음을 차단할 수 있는 곳에서 많이 사용하며, 또 다른 장점으로는 크기를 소형화시킬 수 있기 때문에 작게 만들어진 콘덴서 마이크를 이용하여 이동하면서도 사용이 가능하다. 하지만 일반적으로 소음이 발생할 수 있는 곳이나 가정집에서는 사용이 불편할 가능성이 크다. 흔히 초보자들이 마이크를 구입할 때 성능이 좋다는 말에 큰마음 먹고 고가의 콘덴서 마이크를 구입했다가는 평상시에는 인지하지 못했던 시계 소리, 냉장고 소리, 에어컨 소리, 컴퓨터 돌아가는 소리 등 때문에 잘 사용하지 못하게 되는 경우가 발생한다. 습기와 외부 충격에도 취약하여 관리도 필요하다. 노래방에서 많이 사용되는 다이내믹 마이크는 바닥에 떨어진다 하여도 크게 고장이 잘 나지 않지만 콘덴서 마이크는 외부 충격에 매우 취약하기 때문에 일반적으로 마이크 구입 시 케이스도 같이 구입하여 보관한다. 그리고 바람소리와 같은 작은 소리에도 민감하여 팝 필터(윈드 쉴드)도 필요하다. 따라서 일반적인 상황에서는 다이내믹 마이크를 구입하여 사용할 것을 권장한다.

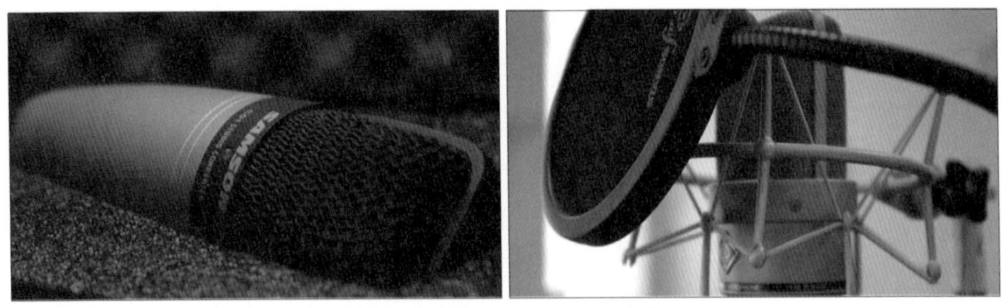

〈콘덴서 마이크 보관법과 팝 필터〉

3. 라발리에 마이크(Lavalier microphone)

흔히 핀 마이크라고 불리는 라발리에 마이크는 목 부근에 착용하고 사용한다. 주로 옷깃에 클립으로 고정하는 형태로 사용하고 클립을 사용하기 힘든 상황에서는 자석으로 되어 있는 액세서리를 이용하여 장착한다. 마이크가 화면에 노출되는 것이 제한되는 영화 동시녹음에서도 사용하며 영상, 방송, 공연 등 일반적으로 가장 많은 상황에서 사용한다. 대체적으로 무지향성이 많이 사용되며 입과 수음 각도가 거의 직각이기 때문에 직진성이 강한 고음의 손실을 우려해 고음이 강조되어 있는 응답 패턴을 가진다. 직진성이 강하면 힘이 약해 소리가 빨리 소멸된다.

〈라발리에 마이크〉

라발리에 마이크의 가장 큰 장점은 입과 항상 일정한 거리를 유지할 수 있기 때문에 소리 크기가 일정하게 녹음되며 굉장히 저렴하게 구입할 수 있다. 그래서 동영상 촬영과 녹음이 다 가능한 스마트 폰에다가 라발리에 마이크를 연결해서 촬영하는 것만으로도 비디오와 오디오를 좋은 품질로 얻을 수 있다. 줄 길이가 긴 제품과 짧은 제품이 있으니 본인의 사용 용도에 맞춰 구입하면 된다. 그리고 라발리에 마이크 역시 전원이 필요하지만 스마트 폰 전용 제품은 스마트 폰의 전원을 이용해서 녹음되기에 신경을 쓸 필요가 없다. 하지만 카메라나 캠코더에 연결해서 사용하고자 할 때는 전원을 따로 공급할 수 있는 제품을 사용해야 하니 어떠한 기기에 연결할지 생각하고 전원을 따로 공급해 줄 수 있는 제품인지 알아보고 구입하기를 바란다.

라발리에 마이크의 단점으로는 옷깃에 장착하여 사용하는 만큼 옷깃을 스치는 소리 등의 잡음이 쉽게 유입될 수 있기에 신경을 써야하며 아무래도 유선은 촬영 기기와 거리 제약이 있을 수 있다. 그리고 무선 핀마이크를 사용하면 거리의 제약에서는 자유로울 수 있으나 가격도 고가이며 항상 송신부와 수신부의 전원 충전 여부를 확인해야 하는 불편함이 있을 수 있다는 점을 기억하자.

〈무선 핀 마이크〉

4. 구즈넥 마이크(GooseNeck microphone)

거위의 목처럼 길게 뽑힌 모양이라서 구즈넥 마이크라고 한다. 일반적으로 마이크와 스탠드가 일체형이기 때문에 외관상 깔끔하기도 하며 책상이나 탁자 등에 놓고 사용할 수 있어 정말 여러 장소에서 사용된다.
요즘은 에코(Echo)와 같은 효과를 사용할 수 있게 이펙터가 내장된 제품도 출시되어 판매되고 있다.

〈구즈넥 마이크〉

5. 보이스 레코더(Voice-recorder)

보이스 레코더는 엄밀하게 말해서 마이크는 아니지만 목소리에 특화되어 있어서 마이크 대용으로 사용할 수 있다. 메모리가 내장되어 있어서 장시간 사용도 가능하며 회의나 인터뷰 방식의 촬영에서 많이 사용한다. 모노와 스테레오 방식을 선택하여 녹음할 수도 있다.

〈보이스 레코더〉

비교적 크기가 작아서 핀 마이크처럼 목 근처 옷깃에 장착해서 사용하기도 하고 무선의 편리함이 있어 굉장히 유용하며 근거리와 원거리에서도 사용이 가능하기는 하다. 여러 상황과 환경에서 요긴하게 사용할 수 있으니 구매하는 것을 추천한다.

6. 스테레오 보이스 레코더(Stereo Voice-recoder)

스테레오 보이스 레코더(Stereo Voice-recoder)는 앰비언스(공간음)나 주변음을 녹음하기 위한 용도로 사용된다. 주변 환경의 소리나 공간음을 얻기 위한 용도로 사용되기 때문에 마이크 2개가 내장되어 스테레오로 녹음을 받는다. 하지만 일반적인 상황에서도 사용할 수 있고 먹방이나 ASMR용 콘텐츠를 제작할 때 사용하기도 한다. 일반적인 보이스 레코더에 비해서는 조금 크기가 큰 것을 주의해야 한다.

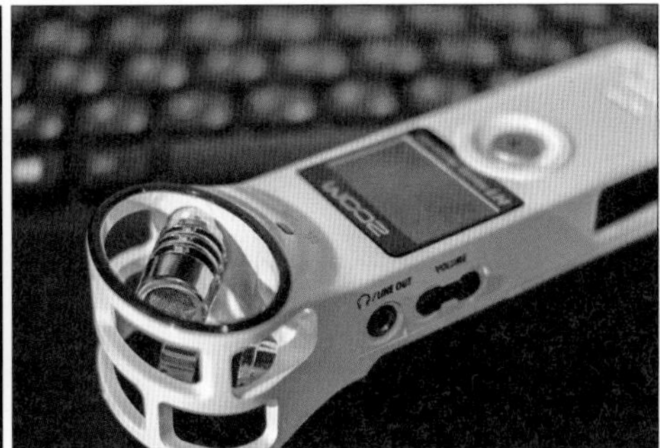

〈스테레오 보이스 레코더〉

7. 웹캠(Webcam) 내장 마이크

웹캠을 이용하여 녹음을 받을 수도 있다. 주로 촬영 장소가 PC 앞인 콘텐츠들의 경우에 사용된다. 게임 방송이나 BJ들은 웹캠을 이용하여 촬영하는 경우들이 많다. 웹캠 특유의 화질과 별 다른 장비 없이 PC에 연결해서 바로 사용이 가능하며 편집도 용이하기 때문이다. 하지만 구조적인 한계점이 있기 때문에 웹캠에 내장되어 있는 마이크는 사용하지 않을 것을 추천한다. 아무래도 웹캠과의 거리가 떨어져 있을 수밖에 없기 때문에 물리적으로 깨끗한 수음이 되기가 힘들며 고가의 4K 기능이 있는 웹캠이라고 하더라도 마이크의 성능은 그리 좋은 편이 아니다. 종류에 따라서 웹캠 전용 프로그램에 마이크 부분의 설정이 가능한 제품도 있지만 마이크는 반드시 추가로 구매해 사용하는 것을 추천한다.

〈웹캠〉

라발리에 마이크와 보이스 레코더를 제외한 나머지 마이크들을 구입시에는 반드시 연결하는 방식이 USB 방식인지 아니면 오디오 인터페이스와 같은 음악 전문기기에 연결하는 XLR 단자 방식인지 확인하고 구매해야 한다. 컴퓨터에 내장된 사운드보다 더 좋은 음질을 재생하거나 녹음하기 위하여 사용되는 오디오 인터페이스는 XLR 단자를 포함하여 여러 규격의 단자를 제공한다.

〈오디오 인터페이스와 XLR단자〉

04 마이크 액세서리

1. 팝 필터(Pop filter)

마이크의 정면에 설치하며 'ㅍ', 'ㅌ', 'P', 'T' 와 같은 파열음을 발음할 경우 짧지만 강한 에너지가 가지고 있는 임펄스 노이즈라는 잡음이 발생하여 퍽 소리가 나는 현상이 발생한다. 마이크의 수음부에 있는 진동판은 이러한 부분에 매우 취약하기 때문에 팝 필터를 사용해서 상쇄시켜야 한다.

〈팝 필터〉

팝 필터는 단점도 존재한다. 전체적인 고음부분 특히 6~9Khz 대역의 주파수 감도가 약 1~2dB 정도 감쇄되니, 오래 사용할 경우 침 때문에 삭기도 한다. 하지만 녹음을 해본 사람은 팝 노이즈 때문에 팝 필터 구입에 주저하지 않으리라고 생각한다. 팝 필터 사용을 추천한다.

2. 쇼크 마운트(Shock mount)

쇼크 마운트(Shock mount)는 마이크 스탠드를 통하여 마이크로 전달될 수 있는 저음역의 충격이나 진동을 완화시켜 주는 장치이다. 보통 크기가 큰 마이크일수록 마운트의 크기가 더 커지는데 그 이유는 큰 마이크에서 진동이 발생하면 관성 때문에 더욱 큰 저음 에너지가 발생할 소지가 있기 때문이다. 따라서 소리에 많이 민감한 콘덴서 마이크들은 쇼크 마운트를 사용하는 것을 권장하며 일반적으로 콘덴서 마이크 스탠드에 포함되어 있다. 그리고 다이내믹 마이크는 일반 마이크 스탠드를 이용하면 된다.

〈쇼크 마운트〉

3. 윈드 스크린(Wind screen)

윈드 스크린(Wind screen) 또는 데드캣이라고 불리우며 바람소리 등을 막기 위해 마이크 또는 마이크 바깥쪽에 장착하는 형태로 사용된다. 바람으로 인하여 발생하는 풍절음들을 상쇄시키고 의도한 소리만을 깨끗하게 수음하기 위해서는 필수적으로 사용해야 한다. 하지만 강한 바람에서 완벽히 막아내는 것은 불가능하다. 그리고 윈드 스크린도 오래되어 삭으면 마이크의 진동판에 쌓이게 되고 결국 감도를 떨어뜨리는 원인이 될 수 있는 점을 참고하자.

〈윈드 스크린과 데드캣〉

4. 마이크 리플렉션 필터(Microphone reflection filter)

마이크 리플렉션 필터(Microphone reflection filter) 또는 마이크 미니 부스라고 불리며 마이크를 통한 녹음 작업 시에 녹음 공간의 특성에 따라 반사되는 음향 때문에 생기는 간섭들을 해소해 주며 기타 잡음도 줄여주는 기능을 한다. 마이크를 이용하여 녹음 시 1차적으로 소리의 울림을 흡음하고 2차적으로 다른 벽을 통해 반사된 소리들을 차단하며 3차적으로 마이크로 원하지 않는 주변의 소음이나 소리들이 들어오는 것도 방지하는 목적이 있다. 녹음 환경이 좋지 않다면 사용하는 것을 추천한다.

〈마이크 리플렉션 필터〉

05 모노와 스테레오의 개념

우리가 프리미어 프로에서 소리가 있는 동영상을 임포트하거나 음악 파일을 임포트하면 동영상과 함께 웨이브 폼(Wave Form)을 볼 수 있다.

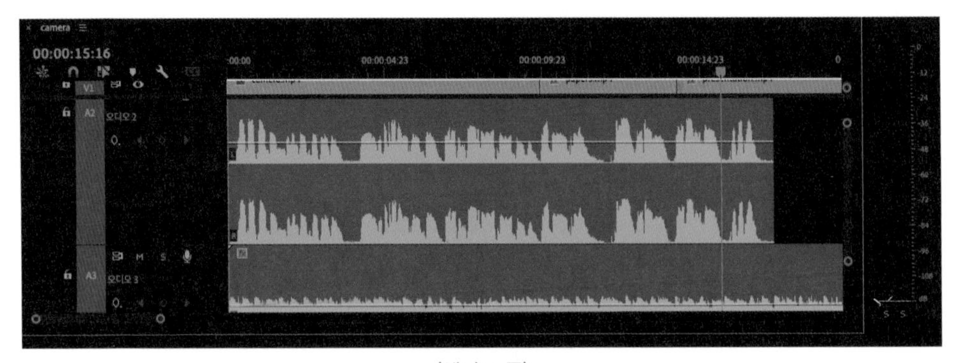

〈웨이브 폼〉

이러한 웨이브들은 아날로그였던 소리가 디지털로 변환된 것을 보여주는 것이다. 즉 소리의 시각화인데 이러한 웨이브들의 크기가 작으면 작은 소리이고 크기가 크다면 큰 소리이다. 그래서 이러한 웨이브들을 눈으로 봐도 소리가 있는 구간과 없는 구간을 파악할 수 있고 소리의 크기도 대략적으로 알 수 있다. 그리고 비슷해 보이는 웨이브가 1개의 오디오 트랙 위 · 아래에 2개가 있다면 스테레오 파일인 것이다. 스테레오는 소리가 180도의 방향성을 가지는 것이라고 생각하면 된다. 그래서 Left는 왼쪽 끝에서 정면까지 90도이고 Right는 오른쪽 끝에서 정면까지 90도가 되는 것이다.

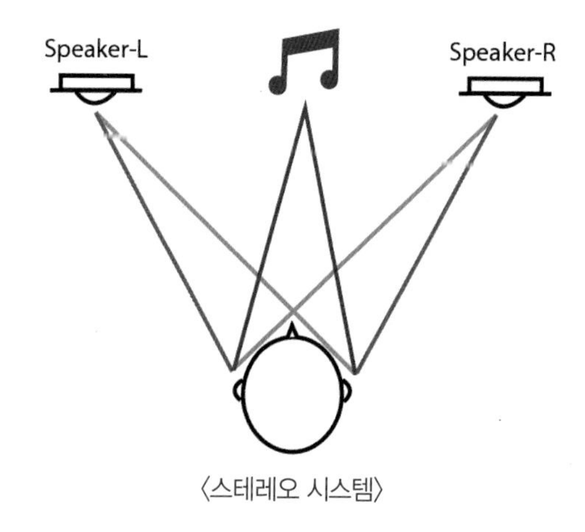

〈스테레오 시스템〉

상상을 해보자. 만약 TV에서 자동차가 왼쪽에서 오른쪽으로 지나가는 장면이 있는데 스피커나 이어폰을 통해 왼쪽과 오른쪽에서 똑같은 소리가 나온다면 우리는 자동차가 왼쪽에서 오른쪽으로 지나가는 것을 알 수 있을까? 당연히 알 수 있다. 눈으로 자동차가 어느 방향으로 지나가는지 보고 있으니까…

하지만 눈을 감으면 우리는 자동차가 지나가는 소리를 듣고 자동차가 지나가는 것은 알 수 있지만 어느 방향으로 지나갔는지는 알 수 없다. 왼쪽과 오른쪽 소리가 똑같기 때문이다. 이것이 모노라는 개념이다. 스피커가 몇 개가 있든지 간에 모든 스피커에서 완벽히 똑같은 소리가 나온다면 모노가 되는 것이다. 하지만 스테레오는 미세하게라도 왼쪽과 오른쪽의 소리가 다르기 때문에 소리의 방향성을 알 수 있게 되는 것이다. 그래서 눈을 감고 있더라도 어느 방향으로 자동차가 지나갔는지를 알 수 있다.

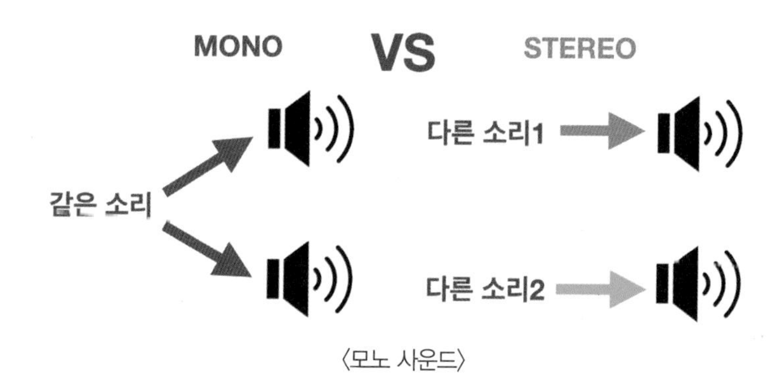

〈모노 사운드〉

그래서 사람의 목소리와 같은 것들은 일반적으로 모노를 사용한다. 사람의 목소리가 좌 · 우의 방향을 가질 이유가 없으니까 스피커 양쪽에서 똑같은 소리가 나오면 된다. 그러면 우리는 가운데서 사람이 말을 하고 있다고 인지하기 때문이다.
하지만 사람이 움직이면서 말을 하기 때문에 화면상에서 방향을 인지해야 하는 상황이거나 2사람 이상이 나와서 말을 한다면 스테레오로 소리가 나오는 것도 방법이 될 수 있다. 그런데 처음부터 스테레오로 녹음을 하게 되면 좌 · 우로 소리의 방향 때문에 편집이 복잡해지는 상황이 생길 수 있기 때문에 특별히 공간감이 필요한 상황이 아니라면 모노로 녹음하고 편집하는 것이 기본이다. 즉 녹음이라는 과정은 일반적으로 모노로 녹음하고 공간감이 필요한 상황이나 현장음을 녹음할 때는 스테레오로 녹음을 한다라고 생각하면 된다.

06 소리를 눈으로 보자

초보자들이 흔히 많이 하는 실수가 동영상 편집을 하면서 소리의 크기가 작거나 크면 스피커의 볼륨을 이용해 적당한 크기로 맞춘다는 것이다. 하지만 이렇게 편집된 동영상은 당연히 다른 동영상과 비교해 보면 소리가 크거나 작을 수밖에 없다. 동영상 편집을 하면서 소리 크기의 명확한 기준이 없었기 때문이다. 그래서 본인이 편집한 동영상들을 보면 소리의 크기가 제각각인 경우가 발생하는 것을 볼 수 있다. 따라서 우리는 동영상을 편집할 때 소리의 크기를 본인의 스피커에 맞춰서 설정하면 안 된다. 반드시 오디오 미터를 눈으로 보면서 소리의 크기를 정해야 한다.

1. 오디오 미터(Audio Meter)

오디오 미터는 소리의 크기를 보여주며 단위는 dB이다. 최대 크기는 0dB이며 작은 소리는 －dB가 된다. 일반적으로 아날로그에서는 인간이 들을 수 있는 소리가 0dB에서 시작하여 0보다 큰 양수 값이 될수록 소리가 커지는 것이지만 반대로 디지털에서는 0dB가 왜곡 없이 낼 수 있는 가장 큰 소리이기 때문에 대부분의 소리들은 －값을 가지게 된다.

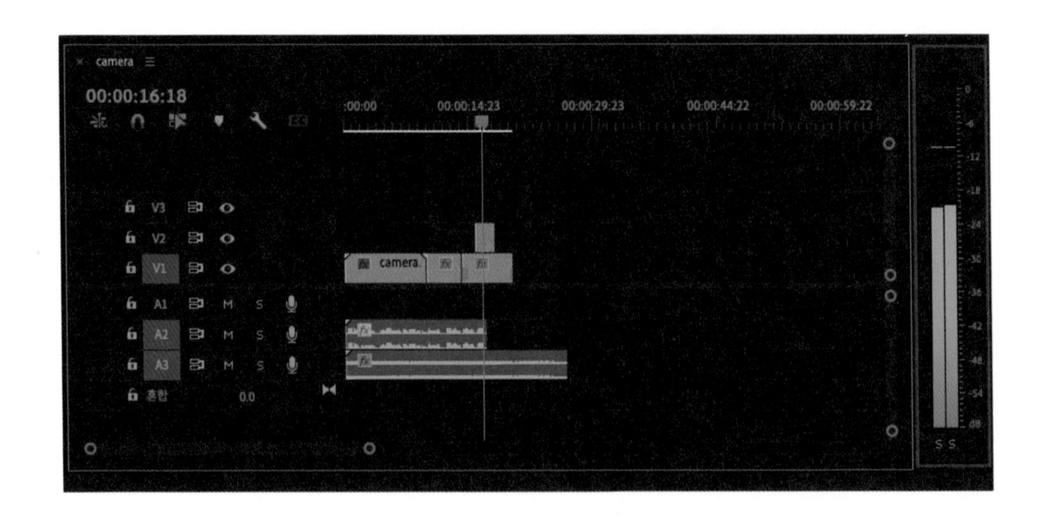

0dB의 볼륨을 넘어가면 소리가 깨지는 현상이 생긴다. 사람의 목소리를 내는 곳이 성대인데 그 성대가 견딜 수 없는 큰 소리를 내려고 하면 목소리가 갈라지며 왜곡이 되는 것과 같은 원리처럼 0dB 이상보다 큰 소리는 피크(Peak) 또는 클리핑(Clipping)이라고 하여 소리가 깨지는 현상, 즉 소리가 왜곡되는 상황이 발생한다. 가끔 유튜브와 같은 동영상을 보면 소리가 지지직 거리거나 깨진 것을 들을 수 있는데 이러한 현상들이 클리핑을 제어해 주지 않았기 때문에 생기는 상황들인 것이다. 그래서 동영상 편집 시에 눈으로 오디오 미터를 보면서 클리핑이 생기지 않도록 조정해 주어야 하는데, 초보자들이 순간적으로 움직이는 오디오 미터의 레벨을 보면서 볼륨의 크기를 측정하는 것은 쉬운 일이 아니다. 이러한 이유로 프리미어 프로에서는 조금 더 쉽게 소리의 크기를 볼 수 있게 해주는 기능이 있다.

2. 동적 최고점(Dynamic Peaks)과 정적 최고점(Static Peaks)

오디오 미터 부분을 마우스 우클릭해 보면 [동적 최고점]과 [정적 최고점]을 볼 수 있다.

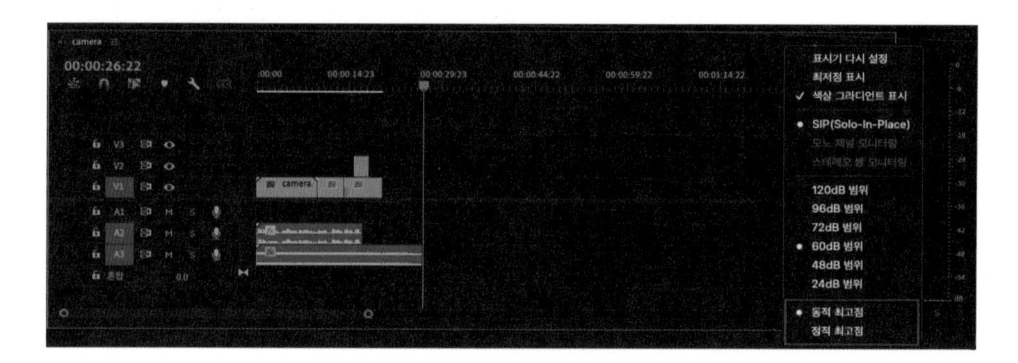

[동적 최고점]은 소리가 재생되는 매 순간의 소리들이 어느 정도의 크기로 올라갔나를 보여주기 위한 기능이다. 소리가 있는 동영상을 재생시키면 오디오 미터의 레벨이 움직이면서 눈금이 큰 소리 지점을 순간적으로 보여준다.

[정적 최고점]은 가장 큰 소리 지점을 기록해 주는 것으로 재생 중인 소리 중에서 가장 크게 출력되었던 부분을 보여주는 기능인데 기록된 크기보다 더 큰 소리가 재생되지 않는다면 그 위치에 고정되어 있는 것을 볼 수 있다.

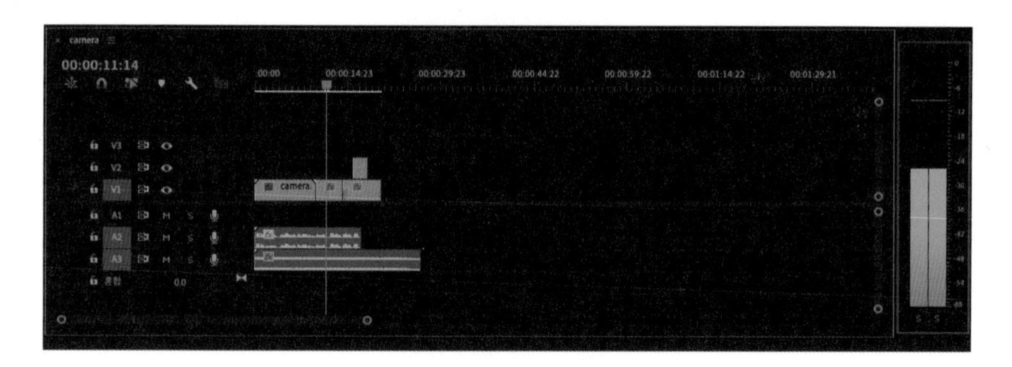

정리하자면 동적 최고점은 움직이는 레벨의 큰 부분이 몇 dB인지 순간적으로 정확하게 보여주는 것이며 정적 최고점은 가장 큰 소리가 몇 dB이었는지 보여주는 것이다. 소리의 크기를 눈으로도 확인시켜 주는 중요한 요소이다.

만약에 프리미어 프로의 작업 창에서 오디오 미터 부분이 보이지 않는다면 창(Windows)을 열어서 오디오 미터 부분을 체크하면 된다.

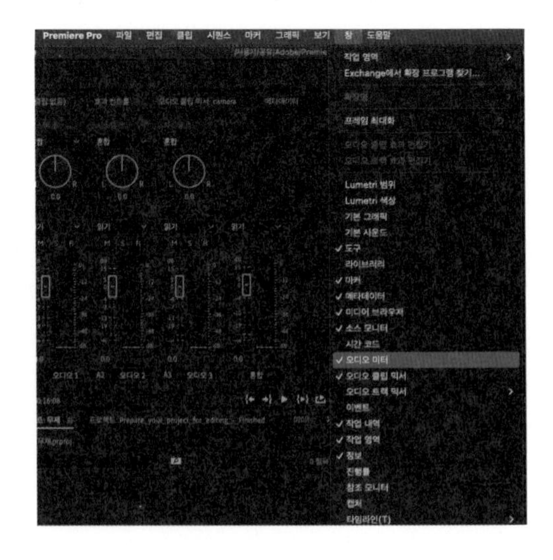

3. 색상 그래디언트 표시(Show Color Gradient)

프리미어 프로에서는 색깔로도 소리의 크기를 대략적으로 알 수 있게 해준다. 오디오 미터 부분에서 우클릭해 보면 [색상 그래디언트 표시]가 기본으로 체크되어 있는 것을 확인할 수 있다.

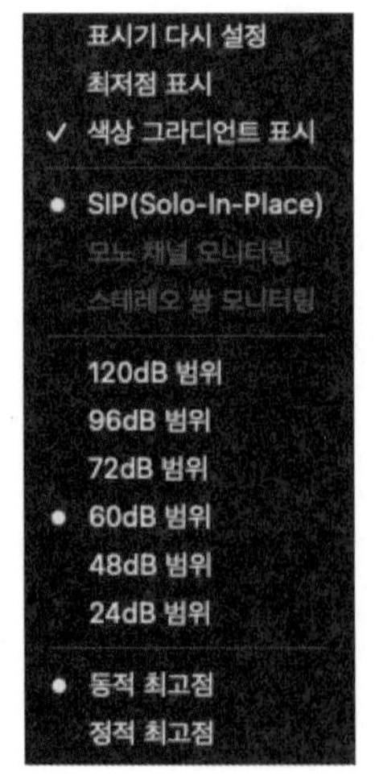

작은 크기의 소리는 녹색으로 표시되며 소리가 커질수록 노란색과 빨간색으로 표현이 된다. 빨간색이 넘으면 0dB를 넘어서 피크가 뜰 위험이 있다는 것을 알리는 것이다.

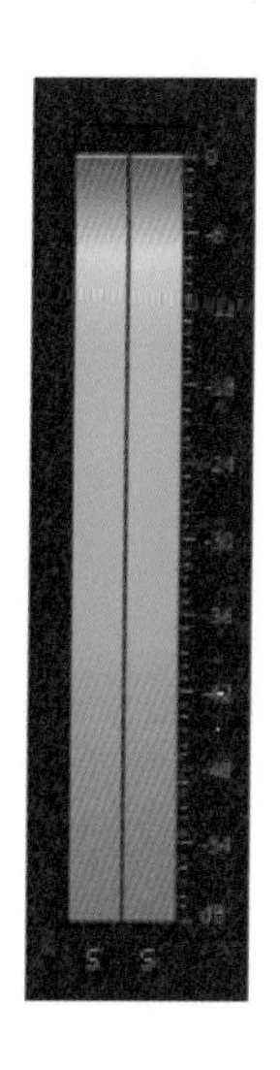

그리고 오디오 미터를 우클릭했을때 [120dB 범위]부터 [96dB 범위], [72dB 범위], [60dB 범위], [48dB 범위], [24dB 범위]를 선택할 수 있는 부분이 있다. 이것은 소리 크기를 더 넓은 범위로 볼 것인가 아니면 작은 범위로 볼 것인가를 정해주는 부분이다. [120dB 범위]로 설정해 보자. 그러면 오디오 미터의 dB 단위가 0dB ~ −120dB로 바뀌면서 더 넓은 범위로 볼 수 있다.

하지만 음악 같은 정교한 편집을 하는 것이 아니라면 기본적으로 선택되어 있는 [60dB 범위]가 사용하기 편하다.

07 소리의 크기를 일정하게 해주는 방법

1. 기본 사운드(Essential Sound)

동영상 편집 시에 소리의 크기가 너무 다이내믹하게 변한다면 시청자들은 동영상을 보면서 불편함을 느낄 것이다. 소리가 너무 작아서 스피커의 볼륨을 올렸더니 너무 큰 소리가 나오는 부분에서는 황급히 스피커의 볼륨을 낮춰야 하는 상황이 반복될 것이다. 그래서 어느 정도의 크기로 일정하게 소리를 다듬는 작업이 동영상 편집 시에는 기본이 되는 작업이다. 그리고 일반적으로 내레이션과 같은 사람의 소리들은 －3dB에서 －6dB로 설정하여 주고 음악은 스타일에 따라 다르지만 －12dB 이하로 두는 것이 듣기가 좋다. 하지만 일단 소리의 크기를 일정하게 만들어 보자. 우선 가장 손쉽게 할 수 있는 방법은 [자동일치] 기능을 사용하는 것이다.

오디오(Audio)－보정할 클립 선택－기본 사운드(Essential Sound)－편집(Edit)－대화(Dialogue)

대화창을 선택하면 더 자세한 설정창이 나올 것이고 [음량(Loudness)] 밑에 [자동일치] 부분을 클릭해 주면 프리미어 프로가 자동으로 소리의 크기를 설정해 줄 것이다.

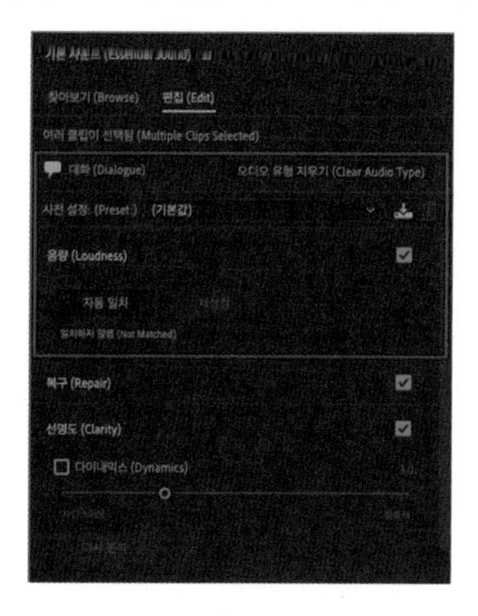

마찬가지로 음악이라면 처음에 기본사운드 내에서 음악(Music)을 선택하면 된다. 그리고 이미 대화나 음악을 선택한 후에 다른 항목으로 바꾸고 싶다면 대화나 음악 항목 옆에 있는 [오디오 유형 지우기(Clear Audio Type)]을 선택하면 된다.
이 기능을 사용하면 프리미어 프로가 자동으로 대화나 음악에 알맞은 크기로 조정해 줄 것이다. 간편하게 소리의 크기를 설정하고 싶을 때는 이 기능을 사용하면 된다. 그리고 조금 더 자세하게 여러 환경에서 들리는 듯한 효과 또는 목소리에 여러 가지 효과들을 넣고 싶을 때는 [사전 설정(Preset)]에 있는 효과들을 적용해 볼 수도 있다.

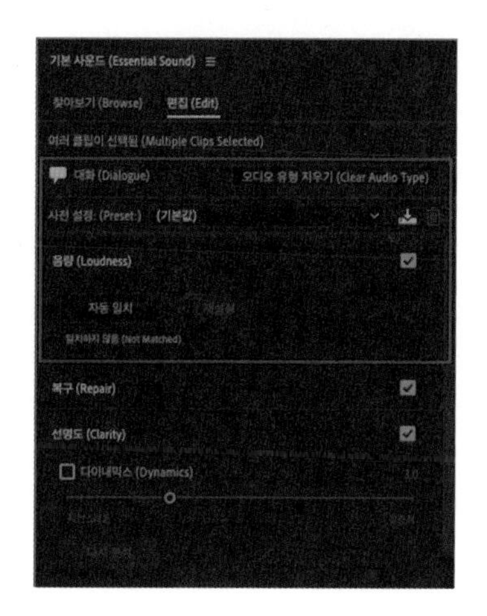

초보자들은 이펙터를 사용할 때에 이펙터 종류에 상관없이 무조건 [사전 설정 (Preset)] 들을 적극 활용해 볼 것을 권한다. 이렇게 하는 것만으로도 손쉽게 여러 가지 효과들을 얻을 수 있는 좋은 방법이 된다.

2. 오디오 게인(Audio Gain)

소리 크기를 조정하고 싶은 클립의 웨이브 위에서 우클릭–[오디오 게인] 클릭
그러면 다음과 같은 [오디오 게인] 창이 열릴 것이다.

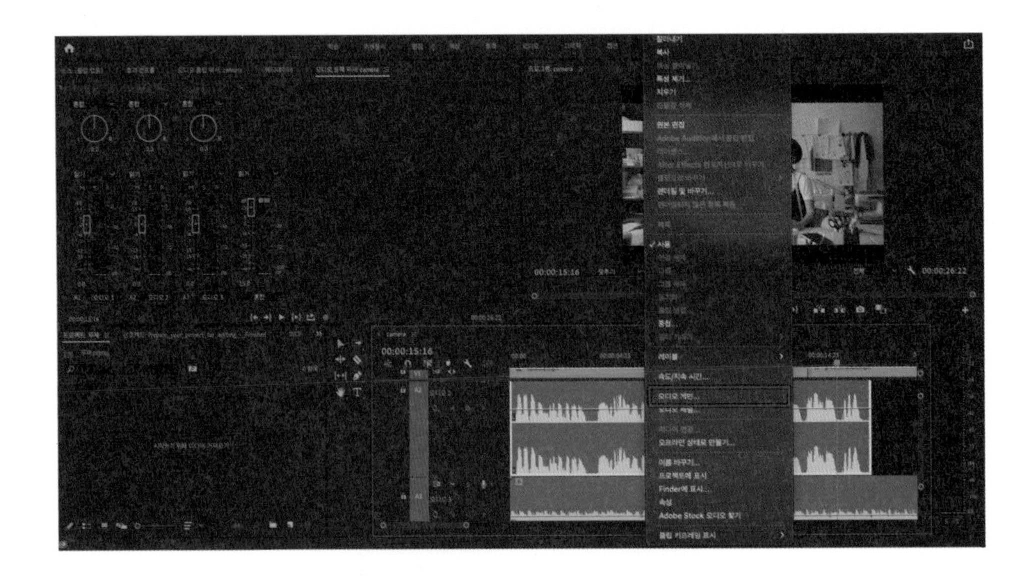

- **게인 설정(Set Gain to)** : 오디오 게인 창을 열면 [최고 진폭]이라고 되어 있는 부분이 있다. 이 부분은 해당 클립에서 제일 큰 소리의 크기를 프리미어 프로가 자동으로 계산한 값을 보여주는 것이다. 그리고 [게인 설정]의 숫자를 변화하면 그 숫자만큼 볼륨의 변화도 생기기만 일단은 [게인 조정]을 통하여 원본 소리의 크기가 얼마만큼 변화되었는지 최종 합산을 보여주는 기능과 같다는 점만 알아두고 [게인 조정]부터 설정해 보자.

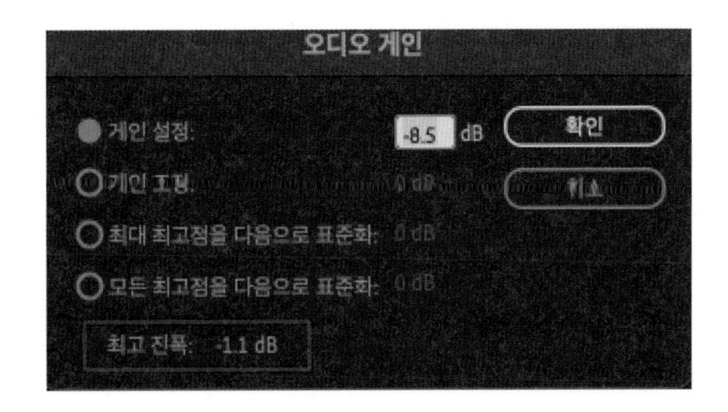

■ **게인 조정**(Adjust Gain by) : 지금 들리는 소리의 크기를 변화해 주고 싶다면 [게인 조정]에서 해주면 된다. 예를 들어 지금 설정되어 있는 소리가 커서 3dB을 작게 하고 싶다면 [게인 조정]에서 −3dB을 설정해 주면 된다. 그러면 지금 소리크기보다 전체적으로 3dB이 줄어든다. 반대로 소리를 전체적으로 6dB 더 키우고 싶다면 [게인 조정]에서 6dB을 설정해 주면 6dB이 더 커지는 방식이다.

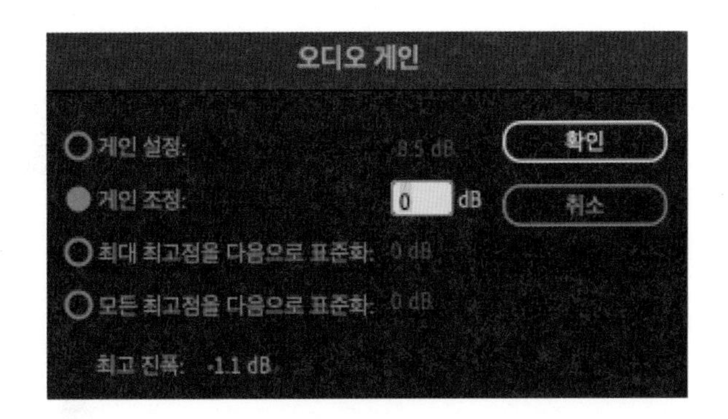

만약에 [게인 조정]에서 −3dB을 설정해 준다면 자동으로 [게인 설정]의 숫자가 −3dB로 변하는 것을 볼 수 있다. 그런데 소리를 한 번 더 줄이고 싶어서 [게인 조정]에서 −6dB로 설정해 준다면 결국 원본 클립의 소리보다 총 −9dB이 변한 것이기 때문에 [게인 설정]의 숫자가 −9dB로 변하는 것을 볼 수 있을 것이다..

■ **최대 최고점을 다음으로 표준화**(Normalize Max Peak to) : [최대 최고점을 다음으로 표준화 기능]은 소리의 제일 큰 부분을 설정한 숫자 값으로 맞춰주는 기능이다.

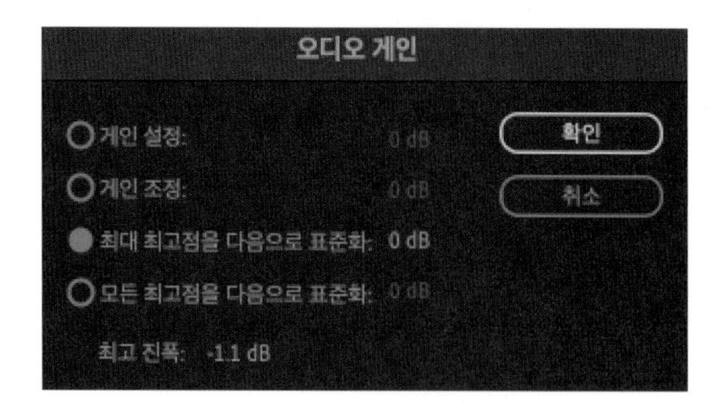

원본 소리의 크기가 제일 큰 부분이 −6dB이었는데 [최대 최고점을 다음으로 표준화]에서 −2dB로 설정하면 제일 큰 부분의 크기가−2dB로 맞춰지면서 전체적인 소리의 크기가 변화된다. 그리고 [게인 설정]의 값도 변화된 크기만큼 자동으로 바뀌어 있는 것을 볼 수 있을 것이다.

- **모든 최고점을 다음으로 표준화**(Normalize All Peak to) : [모든 최고점을 다음으로 표준화 기능]은 클립이 여러 개일 때 선택한 모든 클립들의 최고점을 선택한 값으로 재조정시키는 기능이다.

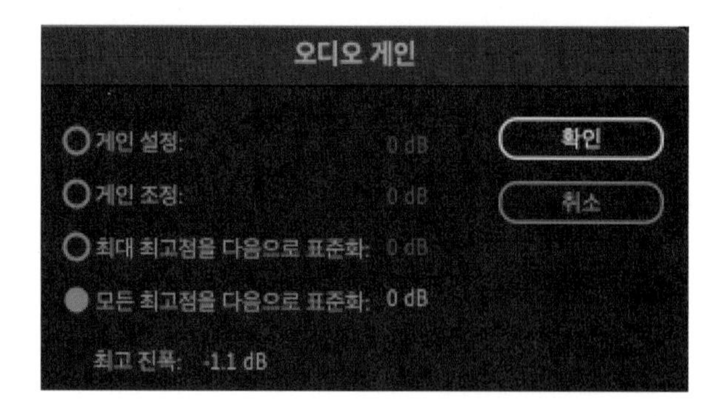

다른 크기로 녹음된 클립들의 소리 크기들을 서로 비슷하게 맞출 때 사용하며 [최대 최고점을 다음으로 표준화 기능]이 여러 개의 클립에 일괄적으로 적용되는 것이다.

08 오디오 제어를 위한 믹서 사용법

1. 오디오 트랙 믹서(Audio Track Mixer)

편집을 하다보면 소리 크기를 제어하거나 소리들에 여러 효과를 주고 싶을 때 각 클립에서 제어하는 것이 편할 수도 있다. 하지만 여러 사람의 목소리, 여러 개의 배경 음악, 수십 가지의 효과음들 때문에 다수의 오디오 트랙을 사용할 수도 있고 또 1개의 오디오 트랙에서도 컷 편집 때문에 여러 개의 클립으로 나누어져 있을 수도 있다. 거기다가 효과음을 사용하게 된다면 효과음 특성상 굉장히 많은 수의 클립들이 사용될 것이다. 이런 상황에서 개별적으로 클립의 볼륨을 제어하거나 똑같은 이펙터들을 적용해야 하는 것은 작업 속도를 늦추는 비생산적인 일이 될 것이다. 하지만 오디오 트랙 믹서의 사용법을 알면 반복되는 귀찮은 작업을 줄일 수도 있으며 재조정하기도 무척 편리하다.

오디오 트랙 믹서의 각 트랙은 타임라인에 포함된 트랙을 모아 놓은 것이며 오디오 트랙의 개수에 따라서 자동으로 연동된다. 새 오디오 트랙을 타임라인에 추가하거나 오디오가 있는 비디오를 추가하면 오디오 트랙 믹서에 새로운 트랙이 생기는 방식이다. 트랙의 이름을 더블 클릭하면 이름을 바꿀 수 있다.

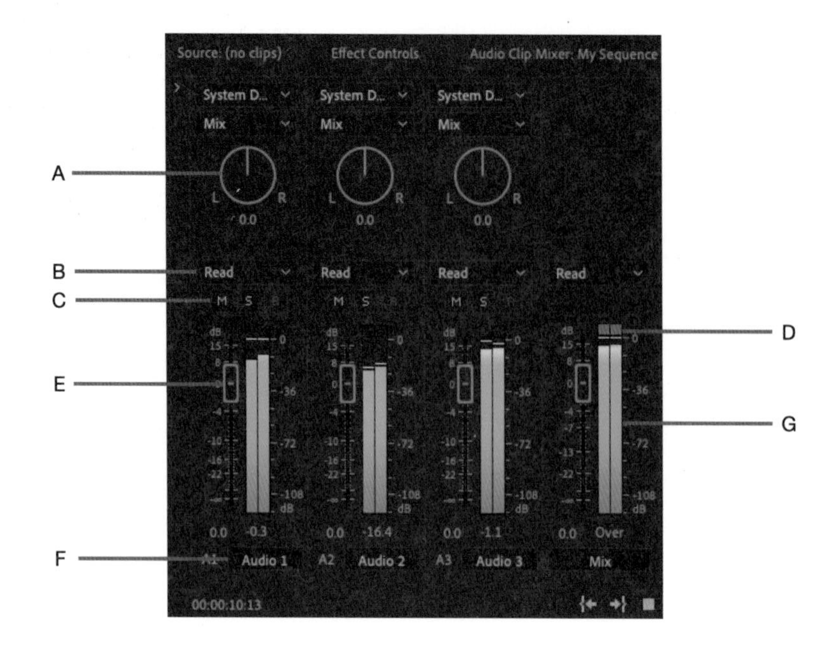

A. **팬(Pan)** : 패너라고도 하며 소리의 좌/우를 조절하는 기능이다. 가운데 방향에 있을 때는 소리가 중간에서 나오지만 L 방향으로 끝까지 돌리면 왼쪽에서 소리가 나고 R 방향으로 끝까지 돌리면 오른쪽에서 소리가 나는 장식이다. 소리가 나는 방향을 지정하고 싶을 때 사용하면 된다.

B. **자동화 모드**(Automation Mode) : 소리 크기를 실시간으로 변할 수 있게 해주는 키프레임 기능을 제어할 때 사용하는 기능이며 화살표를 클릭하면 5가지 자동화 모드가 있다.

• 해제(Off) - 재생 시 키프레임이 설정되어 있어도 무시하는 기능이다.
• 읽기(Read) - 기본으로 설정되어 있다. 키프레임이 설정되어 있을 때 키프레임에 따라 소리의 크기를 제어해 주는 기능이다.
• 래치(Latch) - 터치와 비슷한 기능이지만 슬라이더를 이용하여 조정할 때까지 자동화가 시작되지 않는다.
• 터치(Touch) - 쓰기와 비슷한 기능이지만 조정을 중지하면 이전 상태로 돌아가는 기능이다. 변경한 내용을 기록하고 싶으면 슬라이더를 터치해야 한다.
• 쓰기(Write) - 재생 중에 볼륨 슬라이더를 움직이면 그 볼륨을 기록해 주는 기능이다.

C. **음소거(Mute), 솔로(Solo), 기록(Record)** : 각 트랙에 있는 이 버튼을 이용해서 트랙마다 개별적으로 소리에 대한 활성화와 비활성화를 설정할 수 있다, 타임라인에서 사용할 수 있는 버튼과 동일하다.

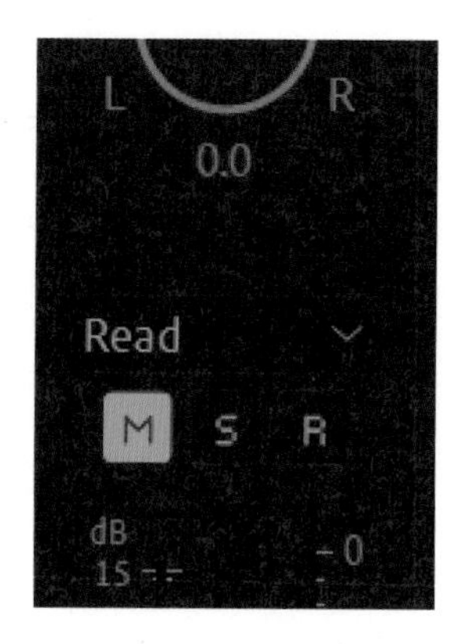

• M - 선택한 트랙을 음소거한다
• S - 선택한 트랙의 소리만 재생된다. 다른 트랙들은 모두 음소거가 되는 기능이다.
• R - 마이크를 이용해 녹음할 때 사용하는 기능이다.

D. 피크 표시기(Peak) : 각 트랙의 음량이 한계점을 넘은 큰 소리가 나오는 것을 피크(Peak) 또는 클리핑(Clipping)이라고 하는데 이러한 현상에 대한 위험 신호라고 빨간색으로 알려주는 표시기이다.

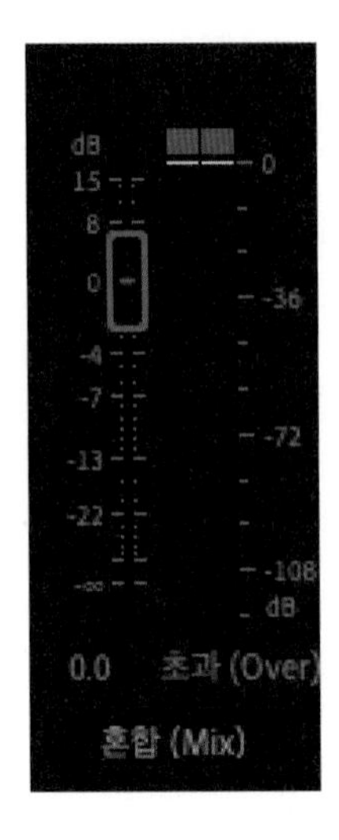

E. 볼륨 페이더(Volume Fader) : 트랙의 볼륨을 조정할 수 있는 페이더이다. 이러한 방식으로 위아래로 조정하는 장치를 페이더라고 한다는 것을 알아두자.

F. 트랙 이름(Track Name) : 트랙의 이름이 표시된다. 더블 클릭으로 트랙의 이름을 바꿀 수 있다. 비디오 트랙은 시각적으로 무슨 클립인지 보이지만 오디오 트랙은 어떤 소리들이 있는지 듣기 전에는 알기 힘들다. 그래서 많은 수의 오디오 트랙을 사용하다보면 어떤 트랙에 무슨 소리가 있는지 헷갈릴 수도 있다. 트랙마다 본인이 알 수 있게 이름을 적어 놓으면 작업 속도가 올라가니 반드시 트랙에 이름을 넣는 것을 적극 추천한다.

G. 오디오 미터(Audio Miter) : 해당 트랙에서 나오고 있는 소리의 크기를 보여주는 미터이다.

오디오 편집에서 믹싱(Mixing)과 마스터링(Mastering)은 중요한 개념이다. 믹싱은 각각 트랙의 소리들을 정리하고 이펙터들을 적용하여 원하는 효과와 음색을 얻은 후에 트랙 간 음량 크기의 균형을 맞추는 것이다. 그래서 각 트랙들의 소리를 다듬고 음량 크기의 균형을 맞출 때는 각 트랙의 볼륨 페이더를 이용하여 음량을 설정하면 된다. 하지만 마지막 최종 트랙인 혼합(Mix)트랙의 볼륨 페이더는 건들지 말자. 간혹 편집 중에 개별적인 트랙의 볼륨을 설정하고 나서 전체적인 볼륨이 크다고 혼합(Mix)트랙의 볼륨을 줄이는 경우가 있는데 이는 잘못이다. 소리가 크거나 작으면 반드시 스피커의 볼륨을 조정해야 한다. 혼합(Mix)트랙의 볼륨을 줄여버리면 본인의 귀에 적당한 소리 크기로 편집했다고 생각돼도 실제로는 볼륨이 작은 동영상으로 만들어질 수 있기 때문이다.

그리고 마스터링은 그렇게 최종적으로 혼합된 트랙들의 음압과 소리 간의 전체적인 어울림 등 최종적인 사운드 디자인이 되는 것이다. 그렇기 때문에 각각의 트랙의 최종 통로는 혼합(Mix) 트랙이 되는 것이고 혼합(Mix) 트랙에서 결정된 소리와 크기가 동영상에 삽입된 완성품이 되는 개념이라는 것을 꼭 알아두자.

2. 오디오 클립 믹서(Audio Clip Mixer)

동영상을 편집하다 보면 녹음 상황에 따라 각 클립의 볼륨이 다른 경우가 다반사이다. 그리고 음악이나 효과음들을 사용하다 보면 볼륨이 커졌다 작아졌다 하는 경우들이 있기 때문에 일정하게 볼륨을 맞춰줘야 하는 상황이 발생한다. 이럴 때 클립에 있는 볼륨 레벨을 하나씩 위 · 아래로 움직여서 소리 크기들을 설정할 수도 있지만 그리 편한 편집 방식은 아니다. 이럴 때 오디오 클립 믹서를 사용하면 훨씬 편리하게 사용할 수 있으니 오디오 클릭 믹서의 사용법을 알아보자.

오디오 클립 믹서의 페이더는 클립 볼륨 레벨에 연동되고 팬도 클립 패널에 연동된다. 오디오 클립 믹서에서 재생 헤드 아래에 클립이 있는 경우에만 클립 오디오가 표시되며 아래의 A1 트랙처럼 재생 헤드 아래에 클립이 없는 경우에는 오디오 클립 믹서에서도 해당 채널은 비어 있다.

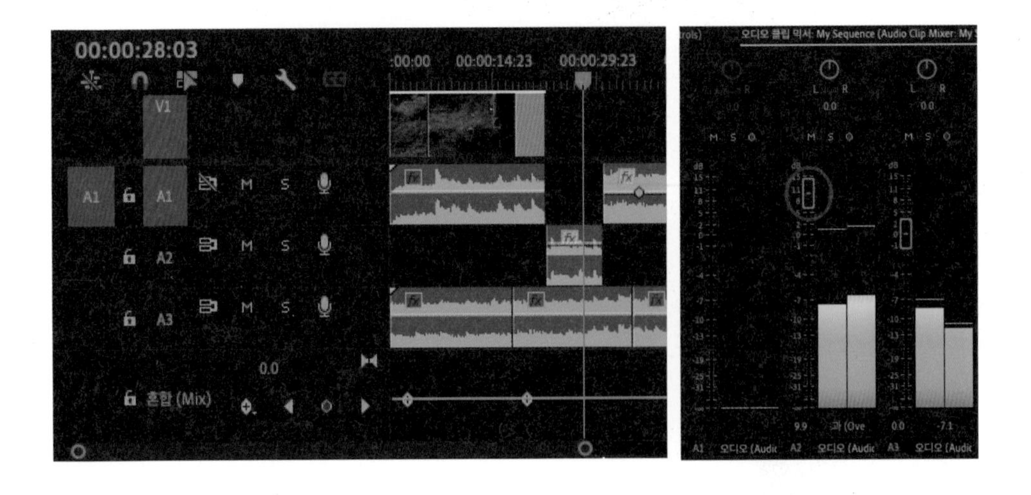

오디오 클립 믹서를 편리하게 사용하는 방법은 볼륨을 제어할 클립을 재생 헤드 아래에 두고 오디오 클립 믹서의 페이더를 원하는 크기에 두면 자동으로 볼륨이 기록된다. 아니면 처음부터 재생을 시킨 후에 재생 헤드가 클립들을 스쳐 지나가는 순간에 원하는 볼륨만큼 페이더를 움직여 놓으면 비교적 빠른 시간 안에 클립들의 볼륨

을 조정해 놓을 수 있다. 아래 그림에 있는 클립들의 볼륨 제어선을 위아래로 움직여 조정하는 것은 무척 귀찮고 어려운 일이기 때문이다.

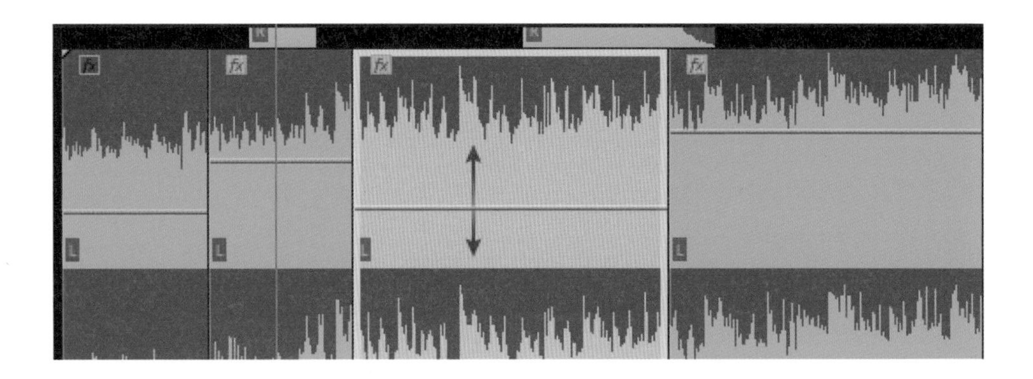

또 다른 편리한 사용법은 오디오 클립 믹서의 개별 트랙마다 있는 키프레임을 이용하는 것이다.

1. 키프레임 버튼을 눌러서 활성화시키고 나서 오디오를 재생시킨다.
2. 원하는 볼륨 크기로 페이더를 위아래로 움직이다가 오디오를 정지한다.
3. 확인해 보면 미세하게 키프레임이 설정되어 있는 것을 확인할 수 있다.

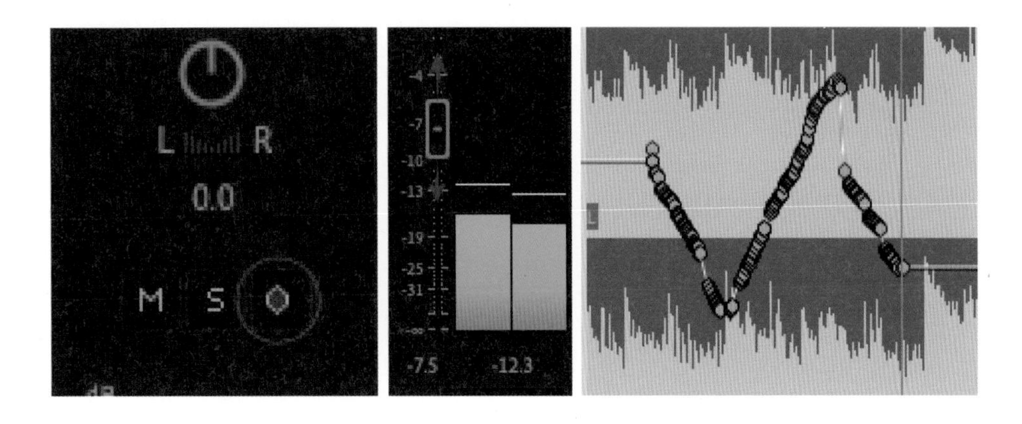

이렇게 오디오 트랙 믹서는 오디오를 재생시키고 나서 소리를 들으면서 실시간으로 제어할 수 있고 자동으로 기록이 되기에 편리하게 사용할 수 있다.

09 오디오 효과(Audio Effects)

프리미어 프로에서는 오디오를 보정할 수 있는 여러 가지 이펙터들이 내장되어 있다. 이러한 이펙터들을 잘 사용하면 좋은 품질의 오디오를 얻을 수 있기 때문에 사용을 안 할 이유가 없다. 그래서 프리미어 프로에 내장된 이펙터 중에서 사용을 권장하는 이펙터 위주로 사용방법을 제시하고자 한다. 그리고 이펙터 설명 시에는 프리미어 프로의 자체 번역 문제가 심각하다. 같은 단어임에도 불구하고 한글 번역이 다른 경우가 빈번하며 뜻 모를 단어로 되어있어 오히려 개념이 더 어려워지기도 한다. 그래도 어쩔 수 없이 프리미어에서 번역된 단어와 괄호 안의 영어로 설명하니 참조하기 바란다. 그리고 다시 한 번 강조하지만 이펙터 사용이 능숙하지 않다면 모든 이펙터 사용 시에는 사전 설정(Presets) 사용을 권장한다. 사전 설정을 사용한 후에 거기서 조금씩 수정하면 편리하다.

1. 이퀄라이저(Equalizer)

사람의 귀로 들을 수 있는 가청범위대역(20Hz~20Khz)의 주파수를 분할하여 음질을 보정하는 기능이다. 주파수가 낮을수록 저음, 높을수록 고음이다. 이퀄라이저에는 여러가지 종류가 있지만 구동 방식에 따라서 아날로그 방식과 디지털 방식의 이퀄라이저가 있다. 그리고 디지털 이퀄라이저 중에서도 크게 그래픽 이퀄라이저(Graphic Equalizer)와 파라메트릭 이퀄라이저(Parametric Equalizer)가 있다.

그래픽 이퀄라이저 방식은 보정할 주파수가 고정되어 있고 그 주파수의 Gain을 조절하는 방식이다. 고정된 주파수는 프로그램과 종류에 따라 조금씩 다르다.

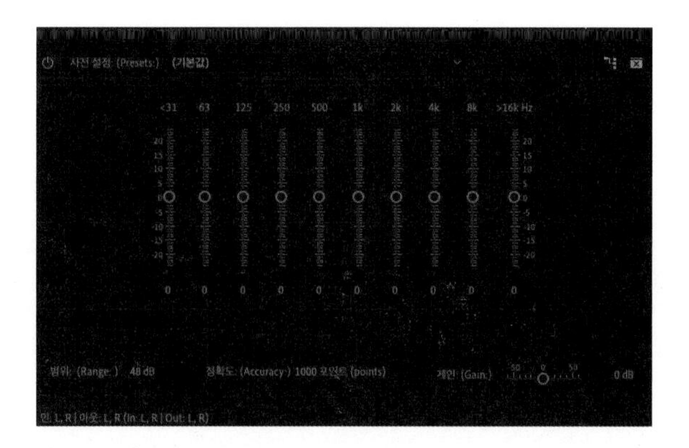

파라메트릭 이퀄라이저 방식은 중심 주파수/ Q값/ Gain의 3가지를 조절하는 방식이다. 그래서 그래픽 이퀄라이저보다 더욱 정확하고 세세한 조절이 가능하다.

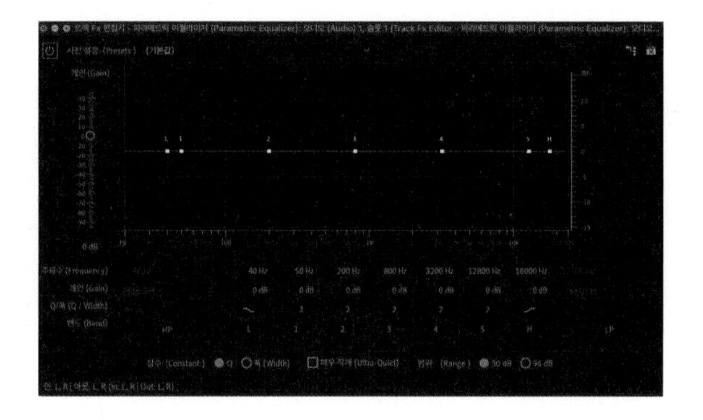

이퀄라이저를 사용하는 이유는 녹음된 소리 요소 중에서 좋지 않은 부분을 줄이거나 특정 주파수 대역을 증가시키기 위한 목적으로 사용한다. 예를 들어 목소리를 녹음했는데 저음 부분이 너무 많아서 답답한 느낌이 드는 경우가 있다. 이럴 때 이퀄라이저로 낮은 주파수(저음 부분)을 감소시키면 소리가 시원해진다. 반대로 너무 고음이 많아서 자극적인 소리일 때 이퀄라이저를 통해서 고음 부분을 조금만 다듬어 줘도 좋은 결과를 얻을 수 있다. 이렇게 이퀄라이저는 소리를 만지는 작업 중에서 거의 필수적인 과정이라고 할 만큼 중요하다. 저렴한 마이크를 이용하여 소리가 마음에 안 든다고 조금 더 고가의 마이크로 바꿀 수도 있지만 이퀄라이저를 이용하면 그에 못지 않은 결과물을 만들 수 있다. 이퀄라이저는 증가(Boost)와 감소(Cutting) 둘 다 사용할 수 있고, 둘 중에 감소의 요소로 더 많이 사용하는 것을 추천한다.

1) 그래픽 이퀄라이저(Graphic Equalizer)

오디오 트랙 믹서(Audio Track Mixer)－화살표 클릭

트랙 믹서의 화살표를 클릭하면 이펙터를 삽입할 수 있는 슬롯이 나타난다. 그러면 비어 있는 슬롯의 화살표를 클릭한다.

여러 가지 이펙터들이 나타나면 [필터 및 EQ(Filter and EQ)]에서 [그래픽 이퀄라이저(Graphic Equalizer)]를 선택한다.

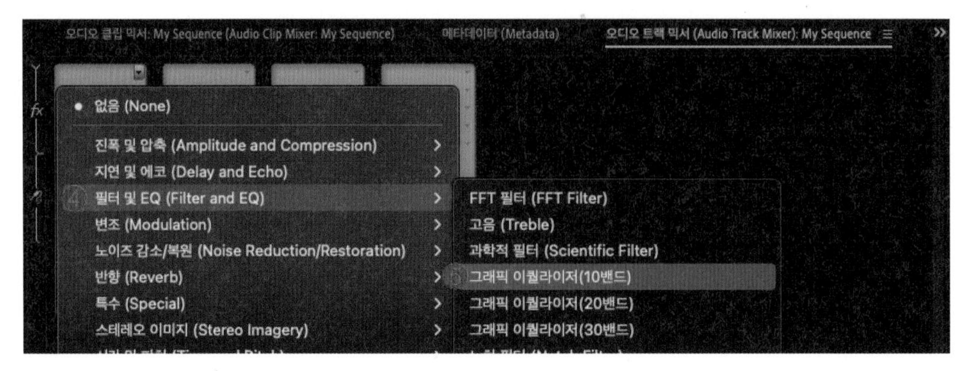

[그래픽 이퀄라이저(Graphic Equalizer)]가 삽입된 후에 슬롯에 있는 [그래픽 이퀄라이저(Graphic Equalizer)]를 더블 클릭하면 세부 설정을 할 수 있는 창이 열린다.

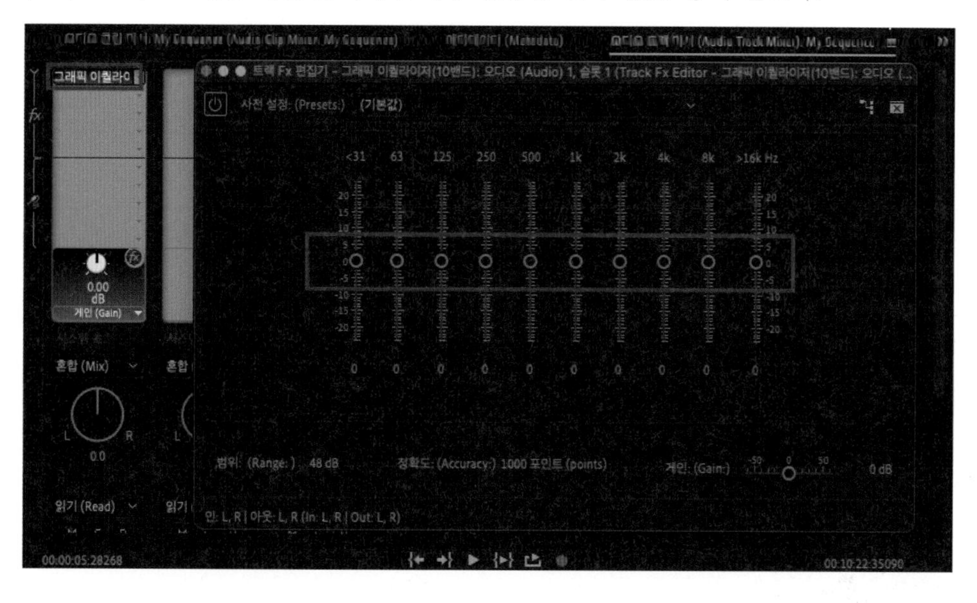

- **게인 슬라이더(Gain slider)** : 원하는 주파수 대역의 밴드 슬라이더를 위아래로 움직여서 주파수를 증가시키거나 감소시키는 방식이다.
- **범위(Range)** : 슬라이더 컨트롤의 범위를 설정한다. 입력할 수 있는 값은 1.5dB~120dB이다.
- **정확도(Accuacy)** : 균일화의 정확도 수준을 설정한다. 정확도 레벨이 높을수록 낮은 범위에서 주파수 응답이 향상되지만 처리되는 시간은 더 늘어난다.
- **게인(Gain)** : EQ 설정을 한 후에 볼륨이 너무 작아졌거나 커졌으면 보정하는 기능이다.

그래픽 이퀄라이저는 특정 주파수를 증폭하거나 잘라내서 EQ의 곡선을 시각적으로 표현한다. 사전에 미리 주파수에 맞게 설정되어 있는 밴드(해당 주파수 가운데, 기준점)를 사용하기 때문에 주파수를 빠르게 설정할 수 있는 장점이 있어서 많이 사용되며 밴드의 숫자가 많을수록 정밀하게 설정할 수 있다. 프리미어 프로에는 10밴드, 20밴드, 30밴드 그래픽 이퀄라이저가 있다.

2) 파라메트릭 이퀄라이저(Parametric Equalizer)

그래픽 이퀄라이저는 간편하게 사용할 수 있지만 초보자가 사용하기에는 주파수에 대한 지식이 부족해서 어려울 수 있다. 하지만 파라메트릭 이퀄라이저는 눈으로도 주파수의 응답을 볼 수 있는 장점이 있기 때문에 이퀄라이저의 기능과 효과에 대하여 익숙해지기 좋다.

오디오 트랙 믹서(Audio Track Mixer)－화살표 클릭

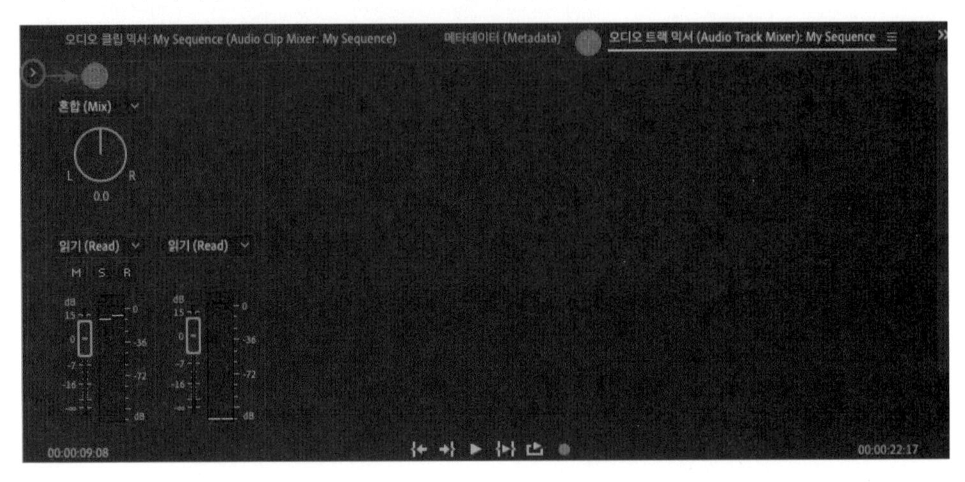

트랙 믹서의 화살표를 클릭하면 이펙터를 삽입할 수 있는 슬롯이 나타난다. 그러면 비어 있는 슬롯의 화살표를 클릭한다.

여러 가지 이펙터들이 나타나면 [진폭 및 필터 및 EQ(Filter and EQ)]에서 [파라메트릭 이퀄라이저(Parametric Equalizer)]를 선택한다.

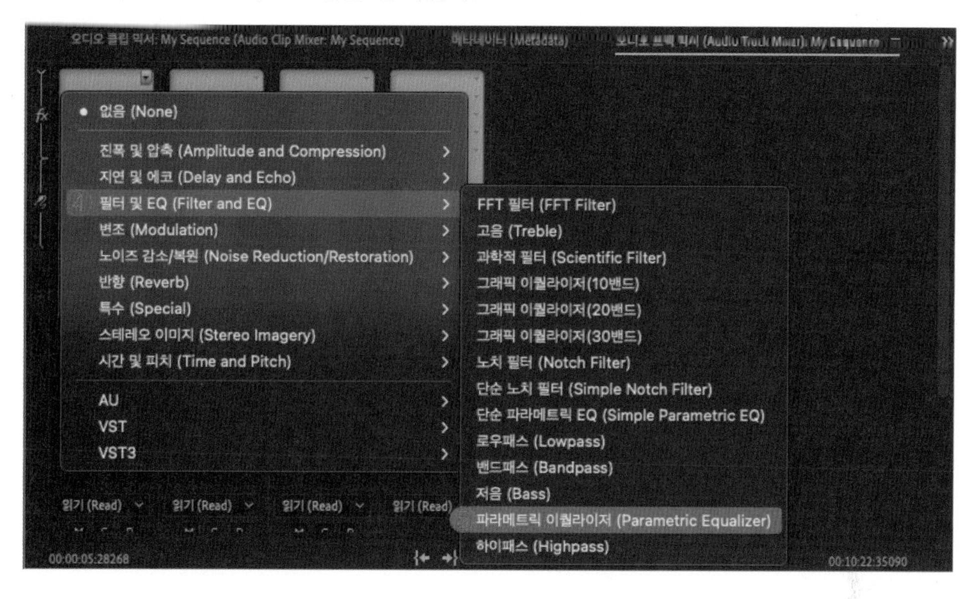

[파라메트릭 이퀄라이저(Parametric Equalizer)]가 삽입된 후에 슬롯에 있는 [파라메트릭 이퀄라이저(Parametric Equalizer)]를 더블 클릭하면 세부 설정을 할 수 있는 창이 열린다.

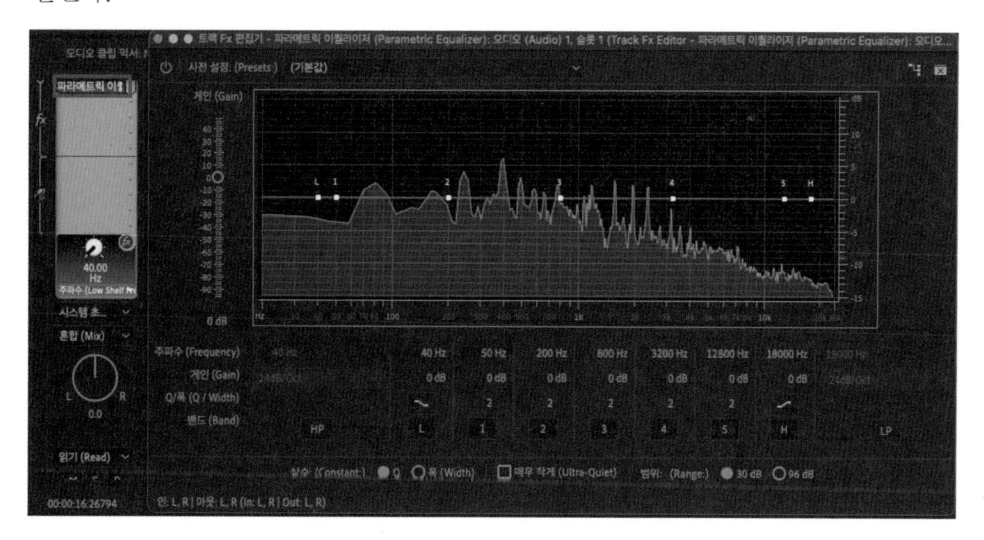

- 주파수(Frequency) : 1 ~5 밴드에서 주파수 기준을 설정한다.
- 게인(Gain) : 주파수 밴드의 증폭 또는 감소를 설정한다.
- Q/폭 : 영향을 받는 주파수 밴드의 폭을 제어한다.
- 밴드(Band) : 하이패스, 로우패스와 5개의 중간 밴들을 활성화하여 곡선을 제어할 수 있도록 한다. 해당 설정을 활성화하려면 밴드 버튼을 클릭하면 된다. [HP]와 [LP]에서는 그래프의 기울기를 [6dB]이 아닌 [12dB]로 조정할 수 있다.
- 상수(Constant) : 주파수 밴드의 폭을 Q값 또는 폭 값(Hz)로 나타낸다. 일반적으로 Q를 사용한다.
- 매우 작게(Ultra-Quiet) : 노이즈 및 인위적인 사운드를 제거해 준다.
- 범위(Range) : 그래프의 범위를 [30dB]와 [96dB]로 설정할 수 있다.

이퀄라이저에서 하이패스(HP)는 말 그대로 낮은 주파수 대역은 거르고 높은 주파수 대역만 통과시켜 준다는 의미이고 로우패스(LP)는 그 반대의 의미이다. 전화는 목소리가 잘 들리게 하기 위하여 중음대역이 강조되어 있다. 재현하고 싶다면 하이패스를 사용해서 저음을 컷하고 로우패스를 사용해서 고음을 컷한 후에 중음대역을 부스트해 보면 전화기 너머의 소리가 될 것이다. 이와 더불어 밴드와 Q값이란 용어도 자주 사용하는 용어이므로 개념을 익혀두자.

2. 리미터(Limiter)

선택적 제한(Hard Limiter)은 일정 이상의 큰 소리가 출력되지 못하도록 제한을 두는 리미터 기능이다.

우리가 사람이 많은 곳에서 마이크에 대고 말을 한다고 생각해 보자. 그러면 마이크를 통하여 입력된 소리는 앰프를 통하여 크기가 증폭될 것이고 그 증폭된 큰 소리는 스피커를 통하여 나오게 될 것이다. 그런데 이 큰 소리가 다시 마이크로 입력이 돼버리면 그 큰 소리가 앰프를 통하여 더욱 증폭이 되고 더더욱 큰 소리가 스피커를 통하여 나오게 될 것이다. 이러한 순환이 순간적으로 일어난다면 결국 스피커는 너무 증폭된 소리를 견디지 못하고 고장이 나게 될 것이다. 이러한 상황이 흔히 하울링이라고 말하는 상황인 것이다. 그래서 아예 어느 정도 이상의 큰 소리가 나오지 못하도록 크기에 제한을 두는 장치가 리미터(Limiter)라는 이펙터이다.

■ 선택적 제한(Hard Limiter)

오디오 트랙 믹서(Audio Track Mixer)－화살표 클릭

트랙 믹서의 화살표를 클릭하면 이펙터를 삽입할 수 있는 슬롯이 나타난다. 그러면 비어 있는 슬롯의 화살표를 클릭한다.

여러 가지 이펙터들이 나타나면 [진폭 및 압축(Amplitude and Compression)]에서 [선택적 제한(Hard Limiter)]을 선택한다.

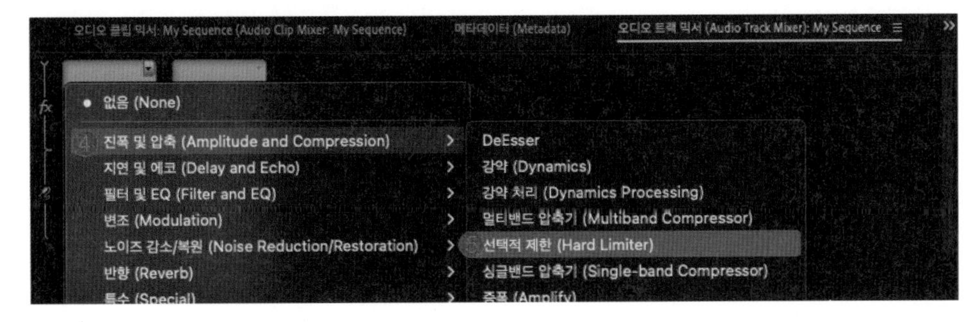

[선택적 제한(Hard Limiter)]이 삽입된 후에 슬롯에 있는 [선택적 제한(Hard Limiter)]을 더블클릭하면 세부 설정을 할 수 있는 창이 열린다.

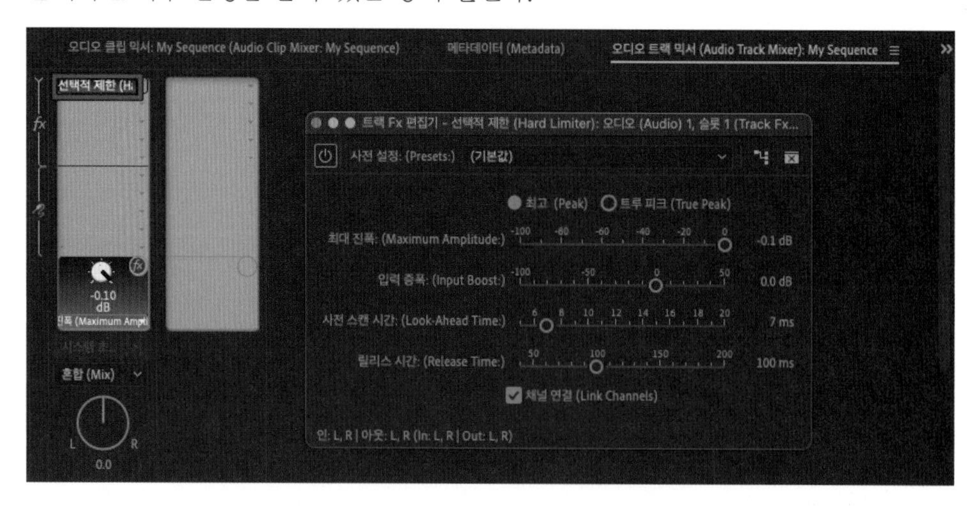

- **최고(Peak)** : 소리 크기가 피크에 도달했는지 체크하는 방식이다.
- **트루 피크(True Peak)** : 피크 방식과 비슷하다. 일반적인 피크 방식은 디지털 연산과정에서 생기는 오류 폭이 존재하는데 트루 피크 방식은 오류가 없이 피크가 발생하는 부분을 체크하는 방식이다.
- **최대 진폭(Maximum Amplitude)** : [최대 진폭]에서 설정해 주는 값 이상은 출력되지 않도록 막아주는 기능이 리미터의 일반적인 기능이다. 그래서 초보자들은 어렵게 다른 부분을 설정하는 것보다는 [최대 진폭]을 간단히 설정해 주는 것만으로도 충분하다.
- **입력 증폭(Input Boost)** : 일반적으로 녹음된 소리나 사용하고자 하는 소리가 더 큰 소리 같은 느낌이었으면 할 때 사용하는 기능이다. 너무 크게 녹음된 소리를 작게 할 수도 있지만 일반적으로 0 이상으로 설정하여 소리가 증폭되는 느낌이 들게 사용한다. 이 기능은 클리핑은 뜨지 않는 상황에서 소리가 압축되어 임팩트 있는 소리를 만들어 준다.
- **사전 스캔 시간(Lock Ahead Time)** : 소리가 최대 피크에 도달하기 전에 감쇠되는 시간을 설정하는 것이다.
- **릴리스 시간(Release Time)** : 큰 소리가 나와서 리미터가 작동을 한 후에 멈추는 시간을 설정하는 것인데 프리미어 프로에서는 기본값인 100을 추천한다.
- **채널 연결(Link Channels)** : 스테레오나 서라운드로 사운드를 구성할 시에 모든 채널의 음량을 서로 연결하여 균형을 유지해 주는 기능이다.

일반적으로 동영상 편집 시에는 먼저 각각의 트랙 음량들을 적당하게 설정하여 소리 간의 적당한 크기로 균형을 맞춘다. 그리고 모든 소리가 혼합된 최종적인 음량의 크기를, 오디오 미터를 보면서 피크가 뜨지 않는 적당한 레벨로 설정한다. 마지막으로 혹시 모를 피크를 방지하기 위하여 혼합(Mix) 트랙에 리미터를 사용하여 [최대 진폭]만 −0.1dB로 설정하여 사용하는 것을 권장한다.

3. 컴프레서(Compressor)

컴프레서(Compressor)는 일정한 크기의 소리를 만들기 위하여 큰 소리를 압축해서 작은 소리와 크기 차이가 많이 나지 않게 하는 기능이다.
예를 들어 만약에 동영상 안에서 소리가 작은 부분과 큰 부분의 차이가 많이 난다면 편안하게 시청하기 위하여 볼륨을 맞추기가 쉽지 않을 것이다. 시청 내내 볼륨을 키웠다가 줄여주는 과정을 반복해야 할 것이다.

1번 화살표는 소리가 작은 부분이고 2번 화살표가 있는 부분은 소리가 제일 큰 부분이다. 그래서 중간의 화살표만큼의 소리 크기 차이가 발생한다. 이와 같은 상황에서 작은 부분의 소리가 잘 들리지 않는다고 소리의 크기를 키운다면 큰 부분의 소리는

0dB의 한계점을 넘어가는 상황이 되기에 클리핑이 발생할 것이다. 이러한 상황에서는 컴프레서를 사용해야 한다. 위의 소리에 컴프레서를 걸어 변화된 소리의 파형을 확인해 보자.

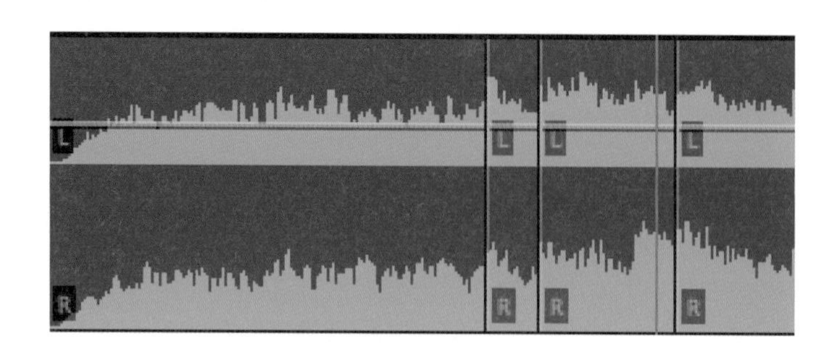

컴프레서를 사용하면 소리가 큰 부분이 압축되어 작은 부분과 많이 차이가 나지 않게 된다. 물론 컴프레서를 작동시켜도 웨이브의 모양이 위와 같이 바뀌지는 않는다. 하지만 오디오 미터의 레벨을 보면 소리가 일정한 크기로 나는 것을 알 수 있다. 즉 컴프레서를 사용하면 위와 같은 웨이브 폼과 같은 소리로 바뀐다는 것이다. 이렇게 어느 정도 일정한 크기로 만들었다면 소리를 더 키울 수 있는 여유 공간(헤드룸)이 생겼기에 원하는 만큼 소리를 키워서 아래와 같이 전체적으로 큰 소리로 만들 수 있다.

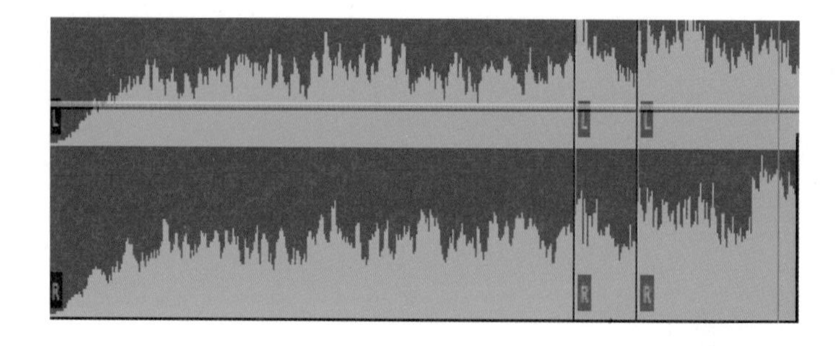

컴프레서를 사용하는 이유와 원리를 다시 정리해 보자.

1. 작은 소리와 큰 소리의 차이가 커서 적당한 볼륨으로 조절하기 힘들고 큰 소리 때문에 소리를 더 키울 수 있는 여유 공간이 없다.

2. 큰 소리 부분만 압축해서 작은 부분과 큰 부분의 크기를 비슷하게 만든다.
3. 소리의 크기가 전체적으로 비슷해졌지만 큰 부분을 작게 만든 것이므로 아직까지 전체적인 소리는 다 작다.
4. 소리를 더 키울 수 있는 여유 공간(헤드룸)이 생겼으니까 전체적으로 소리를 키우면 된다.

1) 싱글밴드 압축기(Single-band Compressor)

오디오 트랙 믹서(Audio Track Mixer)－화살표 클릭

트랙 믹서의 화살표를 클릭하면 이펙터를 삽입할 수 있는 슬롯이 나타난다. 그러면 비어 있는 슬롯의 화살표를 클릭한다.

여러 가지 이펙터들이 나타나면 [진폭 및 압축(Amplitude and Compression)]에서 [싱글밴드 압축기(Single–band Compressor)]를 선택한다.

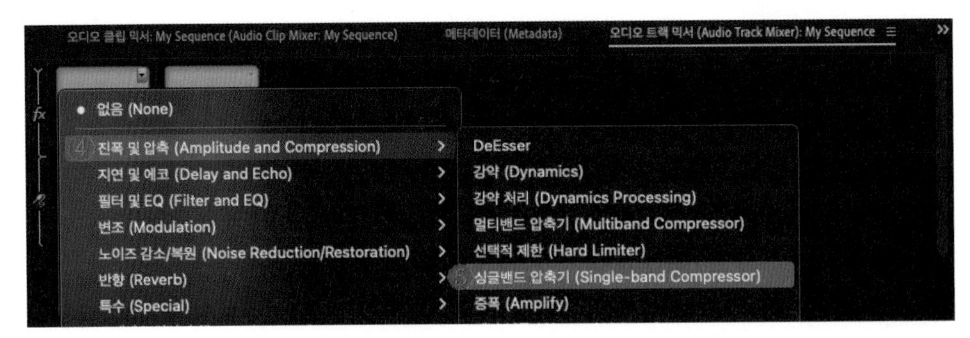

[싱글밴드 압축기(Single–band Compressor)]가 삽입된 후에 슬롯에 있는 [싱글밴드 압축기(Single–band Compressor)]를 더블 클릭하면 세부 설정을 할 수 있는 창이 열린다.

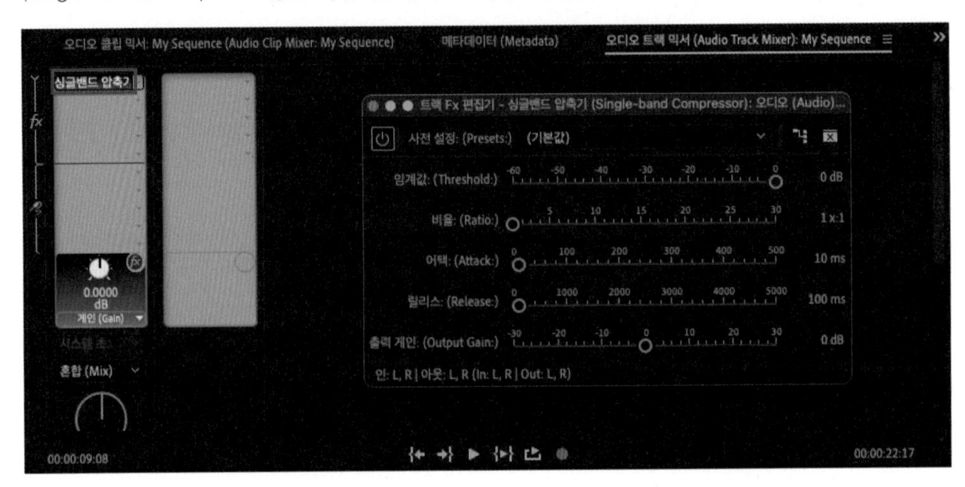

- 임계값(Threshold) : 큰 소리를 압축하기 위하여 기준을 정해주는 것이다. 여기서 지정한 dB 이상의 소리들을 압축하는 것이다.
- 비율(Ratio) : 큰 소리들을 압축할 때 얼마만큼의 비율로 압축할 것인가를 정해주는 것이다. 2는 1/2, 10은 1/10의 비율로 압축을 한다는 뜻이다.
- 어택(Attack) : 큰 소리가 들어와서 컴프레서가 작동하기 시작하는 시간이다.
- 릴리스(Release) : 컴프레서가 압축을 멈추는 시간이다.
- 출력게인(Output Gain) : 컴프레서로 인하여 작아진 소리들을 증폭하는 기능이다.

그러면 싱글밴드 압축기(Single-band Compressor)를 어떻게 사용하는지 살펴보자.

1번 화살표가 있는 곳의 소리 크기는 −20dB이고 2번 화살표가 있는 곳의 소리 크기는 0dB이다. 그러면 작은 소리와 큰 소리의 간격은 20dB이다. 그러면 싱글밴드 압축기(Single-band Compressor)를 걸어보자.

1. [임계값]을 −20dB로 설정 → −20dB보다 큰 소리들만 압축을 시작

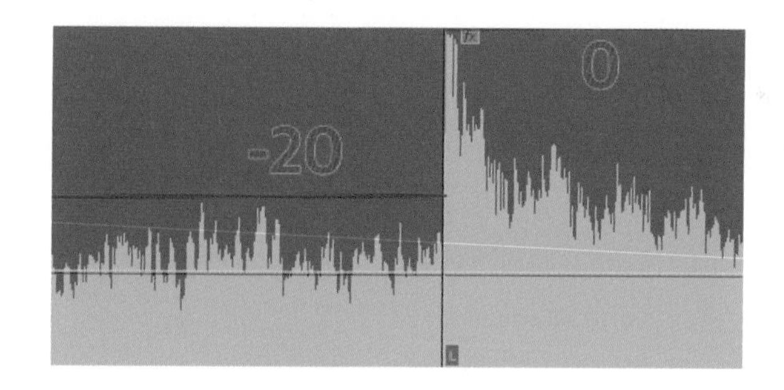

2. [비율]을 2로 설정 → −20dB보다 큰 소리들을 1/2의 비율로 압축
3. 작은 소리들은 컴프레서의 영향을 받지 않아 −20dB 유지

4. -20dB보다 큰 소리는 1/2의 비율로 압축되어 10dB 감소 → 큰 소리의 크기는 -10dB

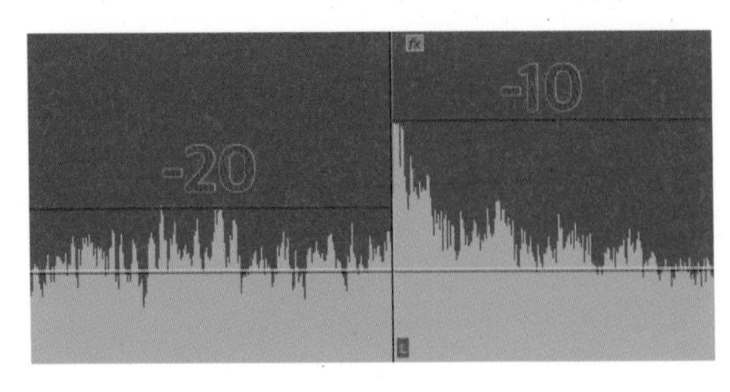

5. 작은 소리와 큰 소리의 차이는 10dB가 됨
6. 0dB이었던 큰 소리가 줄어들어서 -10dB가 되었기에 [출력게인]을 10dB로 올려줌
7. -20dB이었던 작은 소리가 -10dB로 커짐
8. -10dB로 작아졌던 큰 소리가 0dB로 커짐

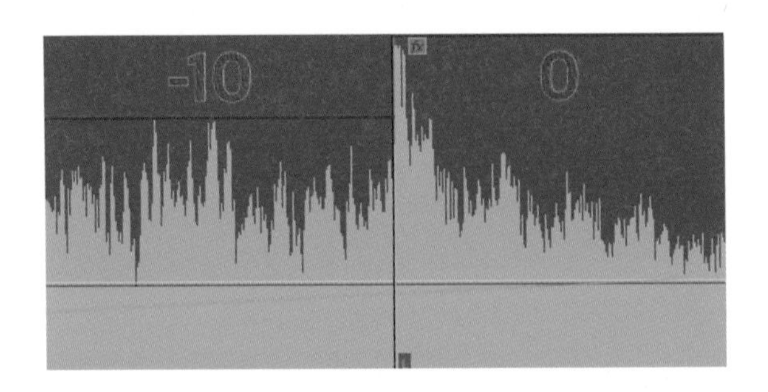

9. 큰 소리는 원래대로 0dB이지만 -20dB이었던 작은 소리가 -10dB로 커짐

사실 컴프레서의 기본 개념이 크게 어렵지는 않지만 처음에는 잘 이해가 안 될 수도 있다. 하지만 소리가 있는 곳에서는 반드시 컴프레서가 필요하다고 해도 과언이 아닐 만큼 중요한 기능을 한다. 그렇기 때문에 반드시 컴프레서는 이해하고 넘어가자. 어택은 기본값 10ms, 릴리스는 100ms로 사용해도 된다. 타악기는 이보다 적은 값으로 빠르게 사용하지만 특별한 상황이 아니라면 기본값을 추천한다. 그리고 컴프레서를 과도하게 사용하여 압축하면 소리가 답답해지거나 질감이 바뀔 수도 있으니 주의하자.

2) 멀티밴드 컴프레서(Multiband Compressor)

멀티밴드 컴프레서(Multiband Compressor)는 주파수별로 작동하는 여러 대의 컴프레서가 있는 개념이다. 4개의 다른 주파수 영역을 개별적으로 압축할 수 있다.

예를 들어 동영상에 내레이션과 배경음악이 있다. 그런데 배경음악 때문에 목소리가 잘 들리지 않아서 목소리가 잘 들릴 때까지 음악의 볼륨을 낮추니까 목소리는 잘 들리지만 음악이 너무 작아지는 경우가 생긴다. 이럴 때 배경음악에 멀티밴드 컴프레서를 걸어서 사람 목소리가 나오는 중간 주파수 대역만을 압축한다면 배경음악의 볼륨은 잘 유지되면서도 목소리 또한 잘 들리게 할 수 있다. 음악에서 목소리 대역은 살짝 줄어들었지만 목소리와 겹치지 않는 다른 주파수 대역은 그대로 잘 살아있기 때문이다. 또 다른 상황도 살펴보자. 배경음악으로 너무 잘 어울리는 음악을 골랐지만 저음이 너무 많아서 부담스럽거나 고음이 너무 많아서 조금 자극적인 상황도 있을 것이다. 이럴 때 멀티밴드 컴프레서로 특정 주파수 대역에만 압축을 건다면 좋은 효과를 볼 수 있다.

오디오 트랙 믹서(Audio Track Mixer)－화살표 클릭

트랙 믹서의 화살표를 클릭하면 이펙터를 삽입할 수 있는 슬롯이 나타난다. 그러면 비어 있는 슬롯의 화살표를 클릭한다.

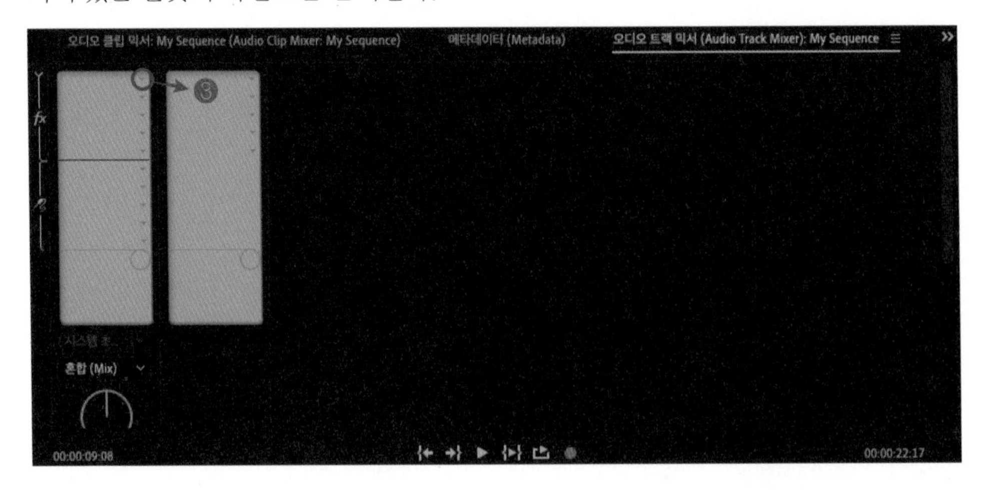

여러 가지 이펙터들이 나타나면 [진폭 및 압축(Amplitude and Compression)]에서 [멀티밴드 압축기(Multiband Compressor)]를 선택한다.

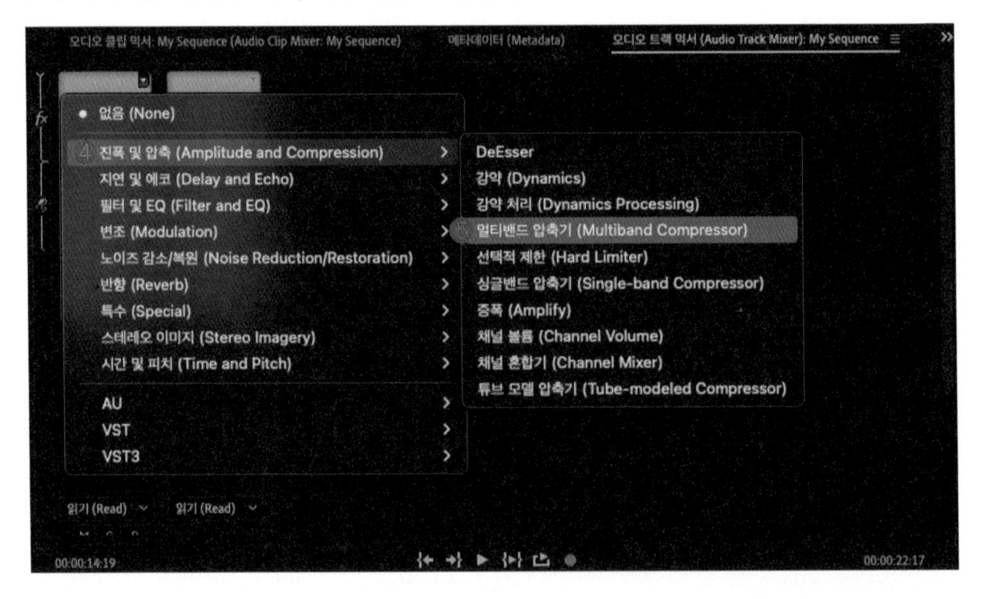

[멀티밴드 압축기(Multiband Compressor)]가 삽입된 후에 슬롯에 있는 [멀티밴드 압축기(Multiband Compressor)]를 더블 클릭하면 세부 설정을 할 수 있는 창이 열린다.

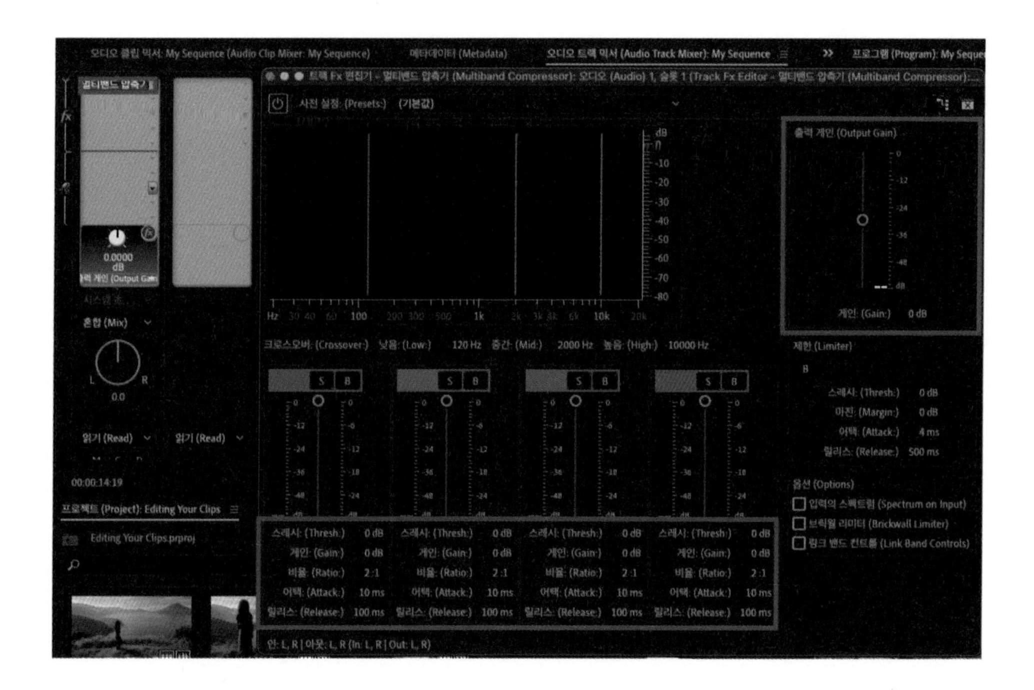

멀티밴드 컴프레서도 싱글밴드 컴프레서의 작동 방법과 원리는 같다. 그래서 [스레시(Thresh)], [게인(Gain)], [비율(Ratio)], [어택(Attack)], [릴리스(Release)], [출력 게인(Output Gain)]이 있다.

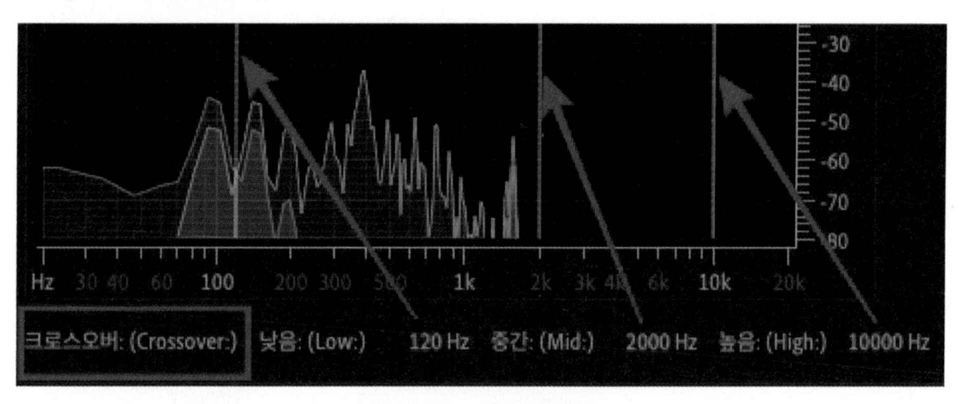

- **크로스오버(Crossover)** : 크로스오버는 저주파수, 중간 주파수, 고주파수, 초고역 주파수에서 작동하는 4개의 컴프레서 주파수를 설정한다. 4개 밴드의 폭을 결정하기 위하여 [낮음], [중간], [높음]에 있는 Hz 앞의 숫자를 클릭 후 원하는 주파수를 입력하여도 되고 크로스오버 마크(주파수 경계선)를 잡고 드래그하여 움직이는 것도 가능하다.

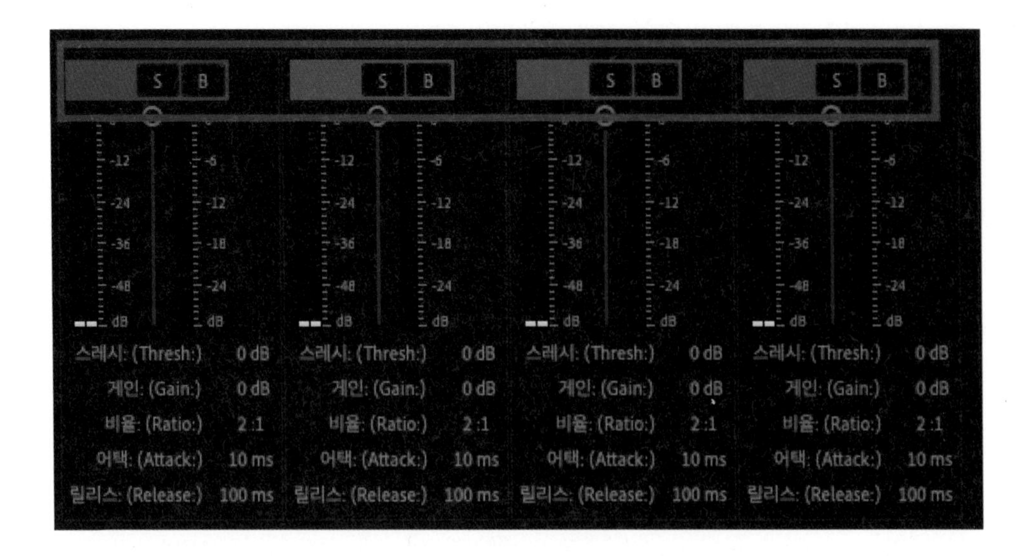

- **솔로버튼** : 각 밴드에 있는 [S]는 솔로버튼이다. 특정 주파수 대역의 소리만 듣고 싶을 때 사용하며 여러 버튼을 눌러 둘 이상의 밴드를 함께 들을 수도 있다.
- **바이패스 버튼** : 각 밴드의 [S] 옆에 있는 [B]는 바이패스 버튼이다. 설정에 변화를 주다가 원본하고 비교해 보고 싶을 때 잠시 이펙터 미적용 상태로 소리를 들어보기 위하여 사용한다.

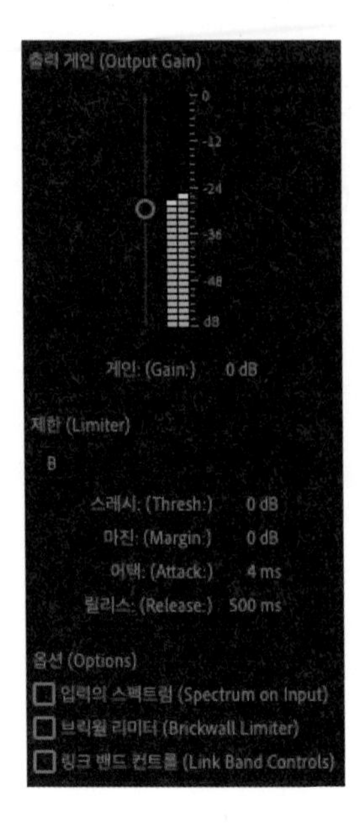

- **출력 게인(Output Gain)** : 멀티밴드에서 설정한 모든 소리가 통합되어 출력될 때의 레벨을 보여준다. [게인(Gain)]을 조정해서 소리 크기의 증폭이나 감소가 가능하다.
- **제한(Limiter)** : 출력 게인을 통하여 나오는 소리에 제한을 적용하는 기능이다. 컴프레서 뒤에다가 리미터를 거는 방식이다. [스레시], [어택], [릴리스]의 값은 각 밴드에서 설정했던 값보다는 적어야 한다. 그런 다음에 [마진] 설정을 지정하여 사용하는 방법이다. [마진]은 -2dB 정도면 된다.

옵션 항목

- **입력의 스펙트럼(Spectrum on Input)** : 출력 신호가 아닌 입력 신호의 주파수 스펙트럼을 멀티밴드 그래프에 표시하는 기능이다. 각 밴드에 적용된 압축의 양을 빠르게 보고 싶다면 이 옵션을 켰다가 껐다가 하면서 비교해 보면 된다.
- **브릭월 리미터(Brickwall Limiter)** : 제한(Limiter)에서 걸린 리미터 기능보다 더 강력한 리미터 기능을 활성화시키는 기능이다.
- **링크 밴드 컨트롤(Link Band Controls)** : 각 밴드에 적용했던 설정의 차이를 유지하면서 모든 밴드에 대한 압축 설정을 전역적으로 조정하는 기능이다.

멀티밴드 컴프레서는 싱글밴드 컴프레서만큼 중요하면서도 매력적인 이펙터이다. 단순하게 소리의 크기를 압축하는 기능을 떠나서 주파수 대역별로 압축을 설정할 수 있기에 저음이 단단한 소리, 시원한 소리, 목소리가 있는 중음대역이 잘 들리는 소리 등으로 사운드를 디자인할 수 있다. 그래서 여러 가지 측면에서 매우 유용하게 사용할 수 있는 이펙터이기에 사용법을 잘 이해하기를 바란다.

3) 튜브 모델 압축기(Tube-Modeled Compressor)

튜브 모델 압축기는 빈티지 하드웨어 같은 따뜻한 느낌을 묘사할 때 사용된다. 이 효과는 소리의 미묘한 왜곡과 함께 풍부한 느낌이나 밝은 느낌이 들게 하기도 한다. 그래서 사용법은 다른 컴프레서와 동일하지만 주의할 점이 있다. 다른 컴프레서들은 소리의 크기를 제어하기 위해 사용하지만 튜브 모델 압축기는 질감의 변화를 주기 위해 사용한다는 것을 기억해야 한다.

오디오 트랙 믹서(Audio Track Mixer)－화살표 클릭

트랙 믹서의 화살표를 클릭하면 이펙터를 삽입할 수 있는 슬롯이 나타난다. 그러면 비어 있는 슬롯의 화살표를 클릭한다.

여러 가지 이펙터들이 나타나면 [진폭 및 압축(Amplitude and Compression)]에서 [튜브 모델 압축기(Tube–Modeled Compressor)]를 선택한다.

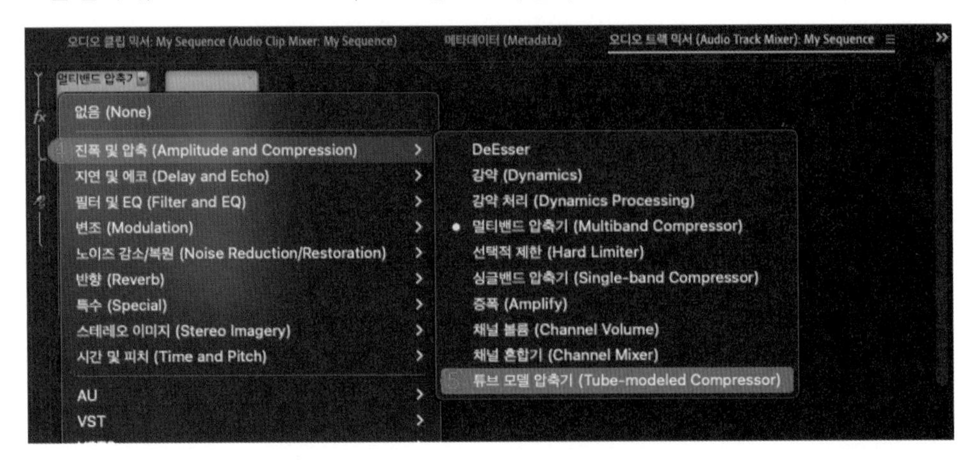

[튜브 모델 압축기(Tube–Modeled Compressor)]가 삽입된 후에 슬롯에 있는 [튜브 모델 압축기(Tube–Modeled Compressor)]를 더블 클릭하면 세부 설정을 할 수 있는 창이 열린다.

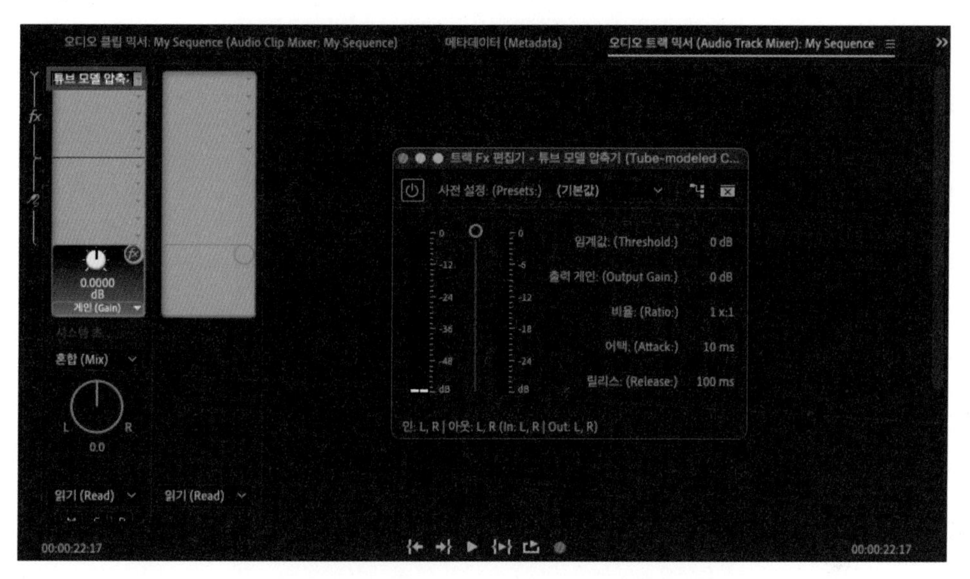

[튜브 모델 압축기(Tube–Modeled Compressor)]도 다른 압축기들과 같은 설정 방식으로 보이지만 사용 방법은 다르다. 다른 압축기들은 단순히 소리를 줄이기 위해 임계값을 설정해 주지만 [튜브 모델 압축기(Tube–Modeled Compressor)]는 질감을 바꾸기 위해 [임계값]을 설정해 준다. 그래서 [임계값]을 바꾸기 전에 먼저 비율을 바꿔줘 보자.

1. 비율을 2:1부터 임의대로 설정한다. 왜곡된 효과가 강하게 걸리는 것을 원하면 비율을 더 높인다.
2. [임계값]을 정해준다. 소리를 재생시킨 후 있는 소리 크기보다 작은 값으로 해줘야 한다.

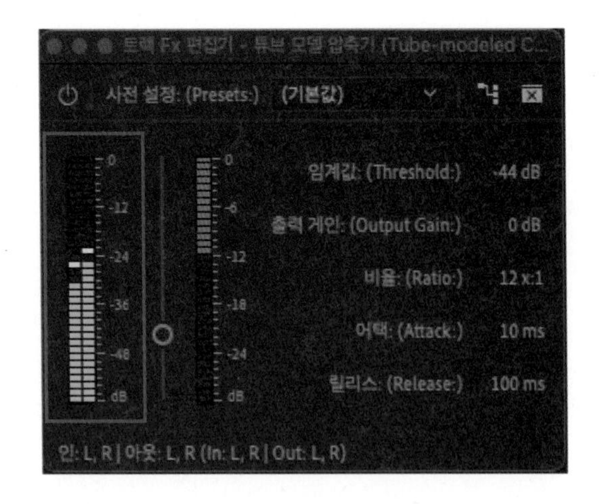

왼쪽에 있는 출력 레벨을 보면서 임계값을 내리다 보면 오른쪽에 있는 레벨 미터에서 빨간색 눈금이 아래로 내려오는 것을 볼 수 있다. 오른쪽의 빨간색 눈금은 어느 정도의 압축이 되고 있는가를 보여주는 기능이다.

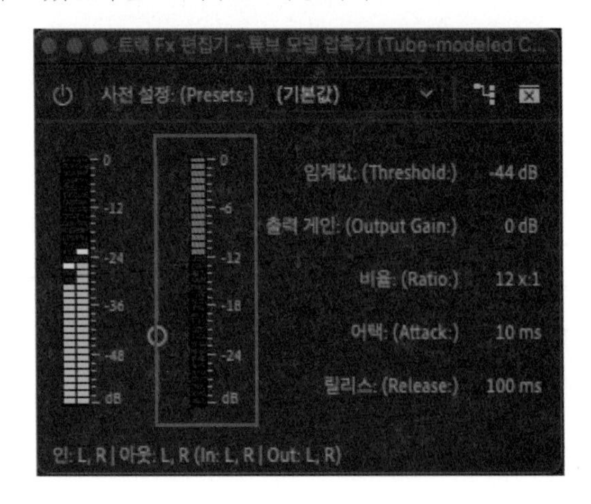

빨간색 눈금이 많이 내려온다면 그만큼 강하게 압축이 걸리고 있다는 뜻이다.

3. 압축이 걸려서 소리가 작아진 만큼 [출력 게인]을 올린다.
4. 1번을 잡고 위 · 아래로 움직이면서 [임계값]을 바꾸며 소리를 들어본다.
5. 더 강한 왜곡을 원한다면 비율을 재조정해 주면 된다.
6. 2번의 전원버튼을 켰다 껐다 하면서 원본 소리와 질감을 비교한다.

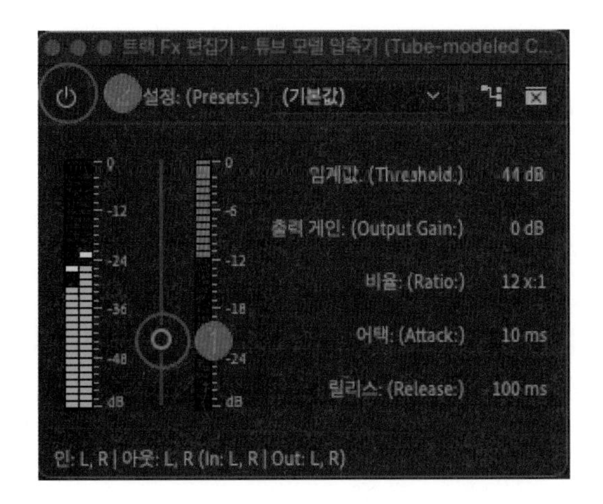

7. [사전설정(Presets)]에 있는 소리들도 들어보면서 마음에 드는 소리가 있다면 사용하면 된다.

[튜브 모델 압축기(Tube-Modeled Compressor)]는 소리의 크기를 변화시키는 목적과 함께 질감의 변화가 주 목적이기에 반드시 작아진 만큼 원래 크기로 보상을 해줘야 한다. 그래야 소리 크기의 변화 없이 따뜻한 느낌이나 왜곡된 질감을 얻을 수 있기 때문이다. 질감을 바꾸기 위한 이펙터를 사용할 때는 항상 게인으로 처음 소리 크기와 똑같이 만든 후에 질감을 비교해야 한다는 것을 기억하자.

4. 강약(Dynamics)

강약(Dynamics)은 4개의 섹션으로 구성되어 있다. [자동 게이트(AutoGate)], [압축기(Compressor)], [확장기(Expander)], [제한기(Limiter)]를 한 창에서 편리하게 사용할 수 있다. 각각의 섹션은 체크와 체크 해제를 통해 개별적으로 제어할 수 있어서 불필요한 기능은 사용하지 않을 수도 있다. 그리고 개별적으로 달려 있는 LED 미터를 통하여 각각의 오디오 신호가 처리되는 상황을 시각적으로 확인할 수 있다.

오디오 트랙 믹서(Audio Track Mixer)－화살표 클릭

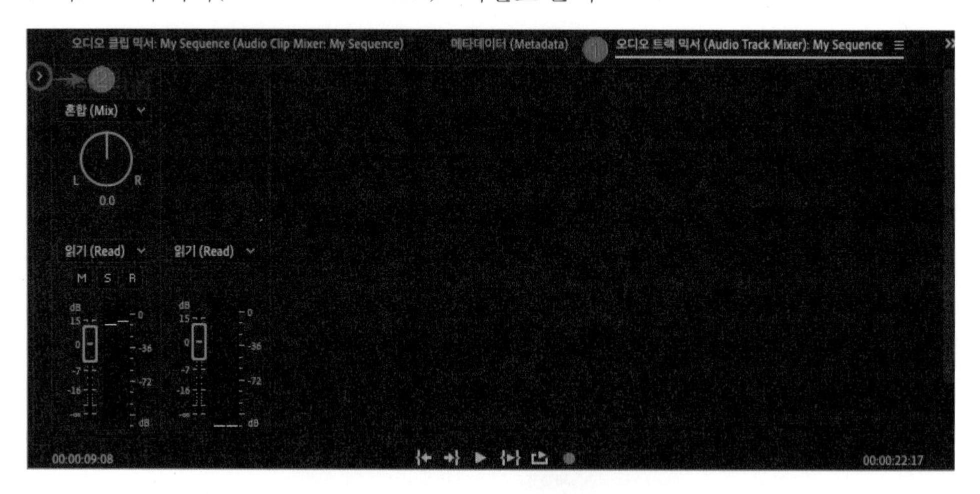

트랙 믹서의 화살표를 클릭하면 이펙터를 삽입할 수 있는 슬롯이 나타난다. 그러면 비어 있는 슬롯의 화살표를 클릭한다.

여러 가지 이펙터들이 나타나면 [진폭 및 압축(Amplitude and Compression)]에서 [강약(Dynamics)]을 선택한다.

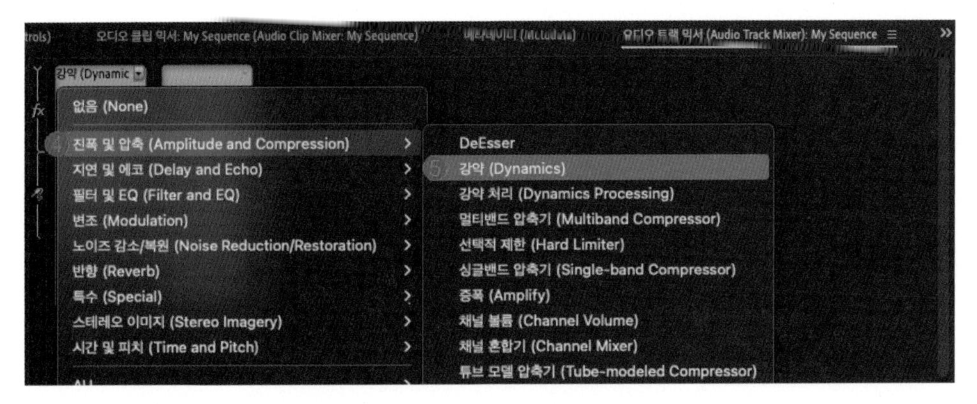

[강약(Dynamics)]을 삽입한 후에 슬롯에 있는 [강약(Dynamics)]을 더블 클릭하면 세부 설정을 할 수 있는 창이 열린다.

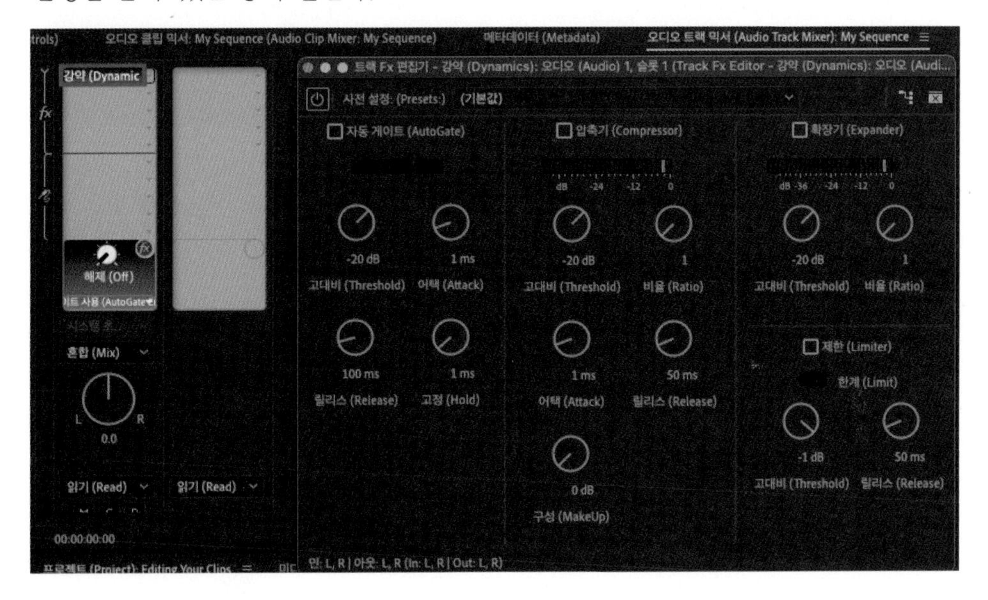

강약(Dynamics)은 노이즈를 제거해 주는 [자동 게이트(AutoGate)], 소리를 압축해 주는 [압축기(Compressor)], 압축기(Compressor)와 반대 개념으로 소리를 증폭해 주는 [확장기(Expander)], 일정 이상 크기의 소리는 출력되지 못하게 하는 [제한(Limiter)]의 4개의 이펙터로 구성되어 있다.

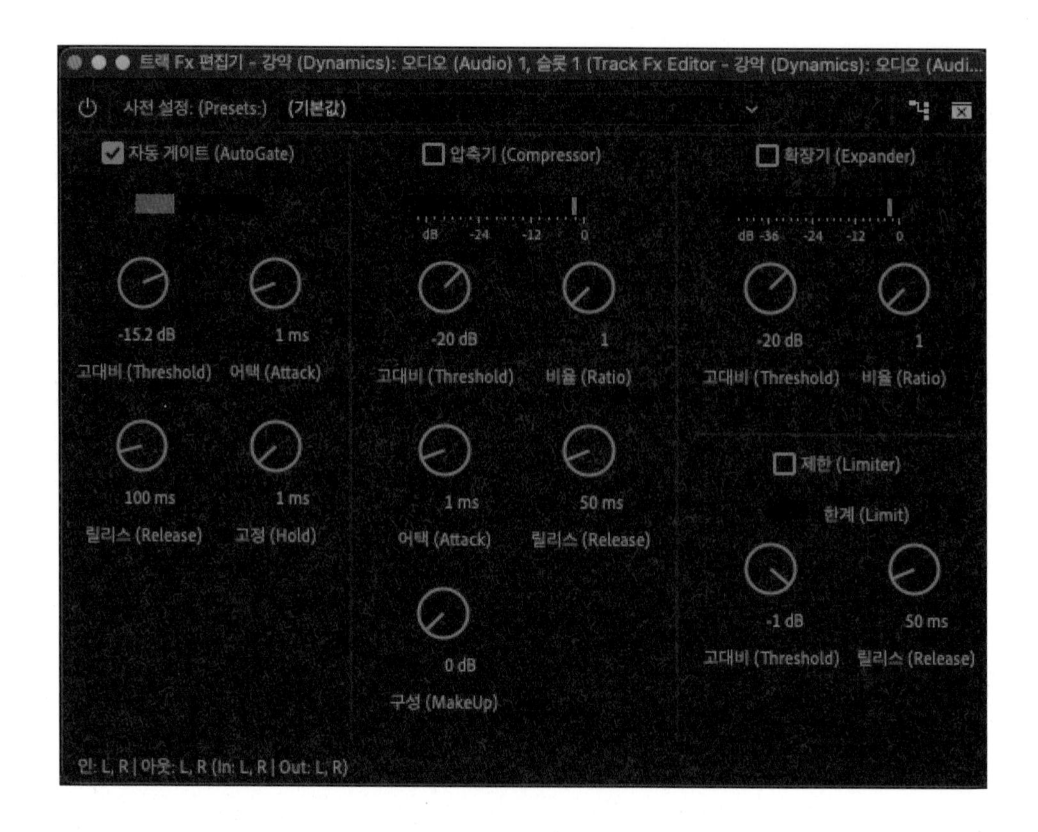

- **자동 게이트(AutoGate)** : 일정 크기 이하의 소리는 노이즈라고 간주하고 걸러주는 기능이다. [고대비(Threshold)]에서 정해진 소리보다 작은 dB의 소리는 출력되지 않는다. 소리가 출력될 때는 LED 미터가 녹색이며 소리가 걸러지고 있을 때는 빨간색으로 표시된다. [어택(Attack)]과 [릴리스(Release)]는 기본값으로 두고 [고대비(Threshold)]만 설정하여 사용하는 것을 추천한다.

- **압축기(Compressor)** : 일정 크기 이상의 소리를 작게 압축하는 기능이다. [고대비(Threshold)]에서 정해진 소리보다 큰 dB의 소리는 [비율(Ratio)]에서 정해진 양만큼 압축되어 줄어들게 된다. 결국 전체적으로 작아진 소리를 [구성(MakeUp)]으로 키워주면 된다. [구성(MakeUP)]은 게인의 역할과 같다. 그리고 압축된 소리가 있을 때는 LED 미터가 얼마만큼 압축을 하고 있는지를 시각적으로 보여준다. [어택(Attack)]과 [릴리스(Release)]는 기본값으로 두고 사용하는 것을 추천한다.

■ **확장기(Expander)** : 일정 크기 이하의 소리를 작게 압축하는 기능이다. [고대비(Threshold)]에서 정해진 소리보다 작은 dB의 소리는 [비율(Ratio)]에서 정해진 양만큼 압축되어 줄어들게 된다. 압축기가 정해진 [고대비(Threshold)]보다 작은 소리는 그냥 두고 큰 소리만 압축하여 작은 소리와 큰 소리의 간격을 줄이는 기능이라면 확장기는 정해진 [고대비(Threshold)]보다 큰 소리는 그냥 두고 작은 소리만 압축하여 큰 소리와 작은 소리의 간격을 더 넓혀주는 기능이다. 압축된 소리가 있을 때는 LED 미터가 얼마만큼 압축을 하고 있는지를 시각적으로 보여준다.

■ **제한기(Limiter)** : 일정 크기 이상의 소리에 출력 제한을 두는 기능이다. [고대비(Threshold)]에서 정해진 소리보다 큰 dB의 소리를 출력 되지 못하게 제한을 두는 기능이다. 제한된 소리가 있을 때는 LED 미터가 켜진다.
일반적인 상황이라면 다음과 같은 순서대로 작업하면 편리하다.

1. [자동 게이트(AutoGate)]를 사용하여 노이즈를 제거한다. 하지만 너무 무리하게 노이즈를 제거하려고 하면 소리가 많이 끊기는 현상이 발생한다. 이러한 상황이 발생한다면 사실상 다시 재녹음을 하는 것이 맞다.
2. [압축기(Compressor)]를 사용하여 큰 소리와 작은 소리의 간격을 줄인 후에 [구성(MakeUp)]으로 전체적인 소리의 볼륨을 설정해 준다.
3. [제한기(Limiter)]를 사용하여 클리핑 상황이 발생하지 않도록 최종적으로 출력의 제한을 건다.

[강약(Dynamics)] 이펙터는 일반적으로 많이 사용하는 이펙터들을 한번에 설정하여 소리를 다듬을 수 있기에 편리하고 각각의 이펙터들을 개별적으로 사용하는 것보다 사용방법이 간편하다는 점도 장점이다. 그리고 [자동 게이트(AutoGate)]를 사용하기 전이나 후에 [확장기(Expander)]를 병행하면서 [자동 게이트(AutoGate)]를 조절할 수도 있지만 [확장기(Expander)]는 사용을 하지 않아도 상관없다.

5. 리버브(Reverb)

우리가 흔히 노래방에 갔을 때 에코라는 것을 설정한다. 에코가 없으면 소리가 너무 정직하게 들리기 때문에 민망할 수도 있기 때문이다. 비슷한 까닭에 노래를 부르거나 악기를 연주하는 콘텐츠를 편집할 시에는 소리에 에코 효과를 넣어주는 것이 좋다. 그리고 운동장이나 성당처럼 큰 건물에서 말하는 느낌, 혹은 하늘의 계시나 산신령같이 신비스러운 느낌을 내고 싶을 때도 우리는 에코라는 효과를 많이 사용한다. 사실 에코라는 효과는 소리를 울리게 해주는 리버브(Reverb)와 소리가 시간차를 두고 반복하여 울리게 되는 딜레이(Delay)를 합쳐놓은 효과와 같다고 생각하면 된다. 그래서 일반인들은 에코라고 표현하지만 음악이나 음향을 하는 사람들은 에코라는 용어를 사용하지 않고 리버브(Reverb)와 딜레이(Delay)라는 용어를 사용한다. 그렇다면 리버브(Reverb)와 딜레이(Delay)가 무엇인지에 대하여 알아보자.

리버브(Reverb)는 소리가 벽, 바닥, 천장 등 다른 부분에 반사되어 울리는 것이다. 소리라는 원리를 이해하자면 소리가 발생되어 우리들의 귀에 들리게 되는 직접음과 다른 곳으로 향하였다가 반사되어 돌아오는 반사음으로 구성된다. 이때 첫 번째로 반사되어 들리는 소리를 초기 반향음이라고 하고 시간차를 두고 여러 곳에서 반사되어 뒤늦게 들리는 잔향들까지 다 합쳐서 리버브(Reverb)라고 한다. 즉 우리가 평상시에는 잘 인지하고 있지는 못하지만 소리라는 것은 직접음과 리버브(Reverb)로 구성되어 있는 것이다. 그리고 반사음들은 벽에 반사되어 돌아오는 경우도 있지만 구조가 복잡할수록 이리저리 반사되다가 소멸되는 경우도 발생하기 때문에 물체가 별로 없는 빈 공간에서 울림이 많이 발생하는 것을 알 수 있다. 이러한 울림들을 인위적으로 만들어 주는 이펙터가 리버브(Reverb)라는 이펙터이다. 프리미어 프로에서는 [복합 반향(Convolution Reverb)], [서라운드 반향(Surround Reverb)], [스튜디오 반향(Studio Reverb)]의 3종류가 있다.

1) 스튜디오 반향(Studio Reverb)

오디오 트랙 믹서(Audio Track Mixer)－화살표 클릭

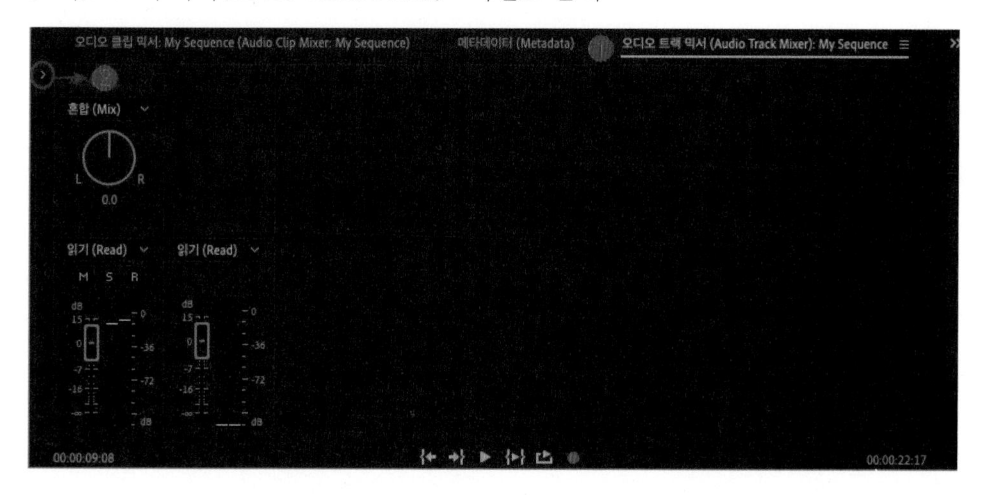

트랙 믹서의 화살표를 클릭하면 이펙터를 삽입할 수 있는 슬롯이 나타난다. 그러면 비어 있는 슬롯의 화살표를 클릭한다.

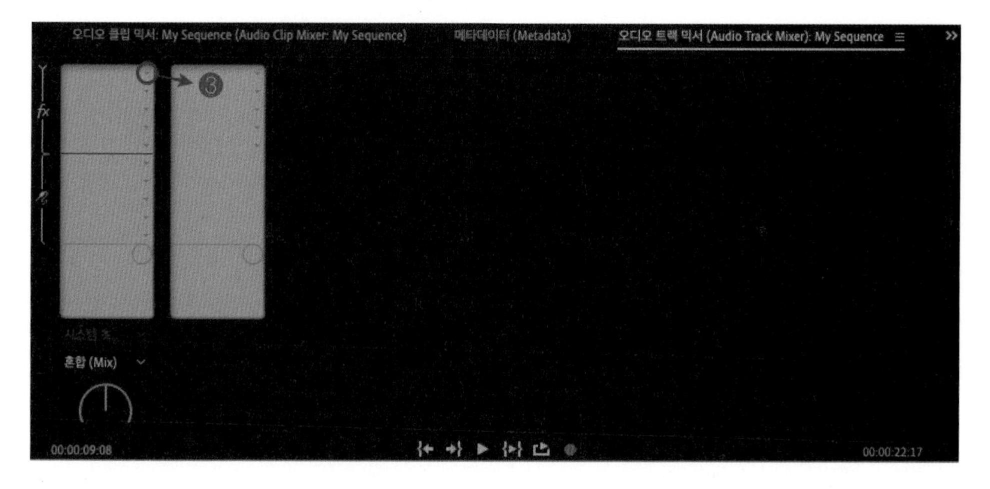

여러 가지 이펙터들이 나타나면 [반향(Reverb)]에서 [스튜디오 반향(Studio Reverb)]을 선택한다.

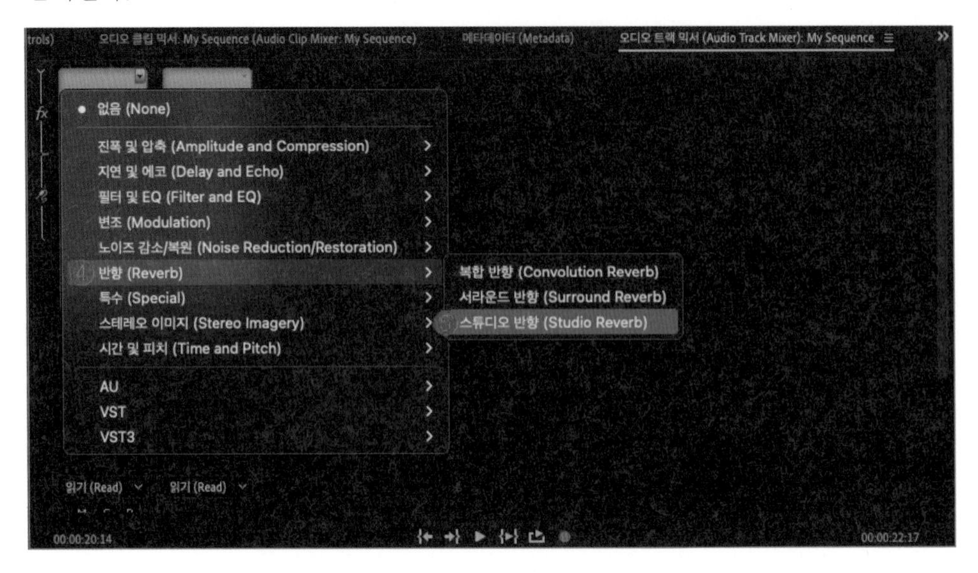

[스튜디오 반향(Studio Reverb)]을 삽입한 후에 슬롯에 있는 [스튜디오 반향(Studio Reverb)]을 더블 클릭하면 세부 설정을 할 수 있는 창이 열린다.

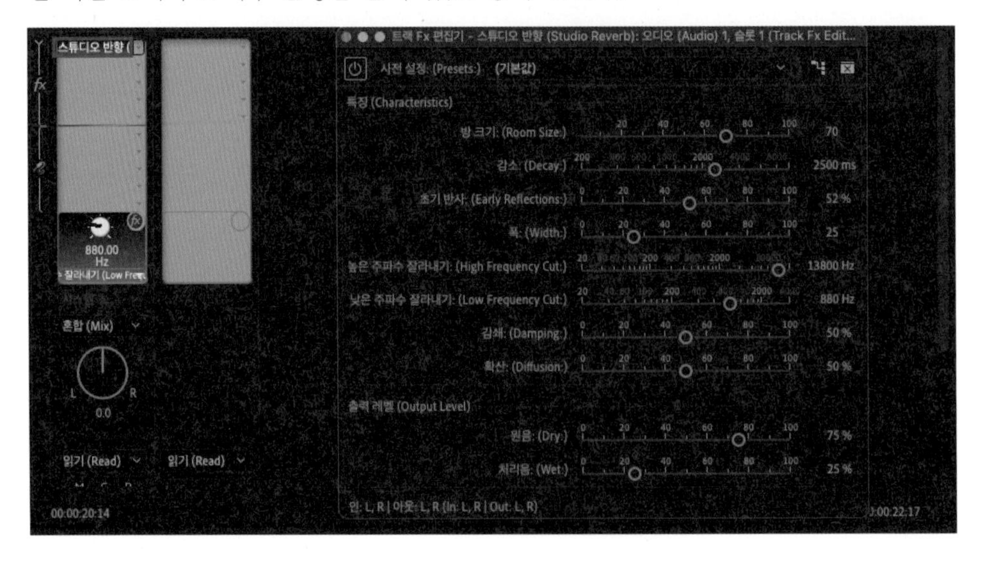

- **방 크기(Room Size)** : 방 크기, 즉 소리가 울리는 공간의 크기를 설정하는 기능이다.
- **감소(Decay)** : 반사되어 울리는 소리들이 감소되는 양을 시간으로 설정하는 기능이다. 잔향의 지속시간이라고 생각하면 된다.
- **초기반사(Early Reflections)** : 반사되어 들리는 첫 번째 소리의 백분율이다. 전체적인 방 크기를 느끼게 하는 요인 중의 하나이며 너무 높은 값으로 설정하면 부자연스러운 사운드가 될 수 있다. 반대로 너무 작은 값을 설정하면 방 크기의 오류가 생길 수도 있다. 원본 신호 볼륨의 반으로 설정하는 것이 좋다.
- **폭(Width)** : 리버브(Reverb)는 여러 방향에서 반사되어 돌아오는 잔향들이기 때문에 스테레오가 자연스럽다. 하지만 필요에 따라서 모노로 사용할 수도 있기 때문에 0%로 설정하면 모노가 되고 100%로 설정하면 스테레오로 사용할 수 있도록 폭을 설정하는 기능이다.
- **높은 주파수 잘라내기(High Frequency Cut)** : 소리의 원리는 공간과 시간에 따라서 점점 소멸되며 일반적으로 고음과 저음 부분이 먼저 소멸되어 들리게 된다. 설정한 값보다 높은 주파수는 잘라내는 방식이다.
- **낮은 주파수 잘라내기(Low Frequency Cut)** : 소리의 원리는 공간과 시간에 따라서 점점 소멸되며 일반적으로 고음과 저음 부분이 먼저 소멸되어 들리게 된다. 설정한 값보다 낮은 주파수는 잘라내는 방식이다.
- **감쇄(Damping)** : 소리의 원리는 공간과 시간에 따라서 점점 소멸되며 일반적으로 고음과 저음 부분이 먼저 소멸되어 들리게 된다. 그래서 자연스러운 잔향 효과를 위하여 높은 주파수를 소멸시키는 양을 조절하는 기능이다. 백분율을 높게 설정할수록 감쇄가 증가한다.
- **확산(Diffusion)** : 딱딱한 면과 부드러운 면같이 반사되는 곳의 재질에 따라 소리가 흡수될 수도 있고 많이 반사될 수도 있다. 여러 가지 환경에 따라 소리가 흡수되는 양을 시뮬레이션하는 기능이다. 낮은 값을 설정할수록 더 많은 잔향이 생기고 높은 값을 설정할수록 잔향이 더 적게 발생한다.

출력레벨(Output Level)

- **원음(Dry)** : 직접음의 양을 설정하는 기능이다.
- **처리음(Wet)** : 반사음의 양을 설정하는 기능이다.

처음에 말했듯이 우리가 듣는 소리라는 것은 직접음과 반사음이 조합된 결과물이다. 그렇기 때문에 일반적으로는 직접음의 양이 반사음의 양보다 많지만 상황에 따라 다르기 때문에 잔향을 많이 주고 싶다면 처리음(Wet)의 양을 올리면 된다.
그런데 초보자들이 이러한 기능들을 직접 설정하여 사용하는 것은 쉽지 않기에 [사전설정(Presets)]에 미리 설정되어 있는 환경을 선택하여 들어보면서 조금씩 조정하며 사용하는 것을 추천한다.

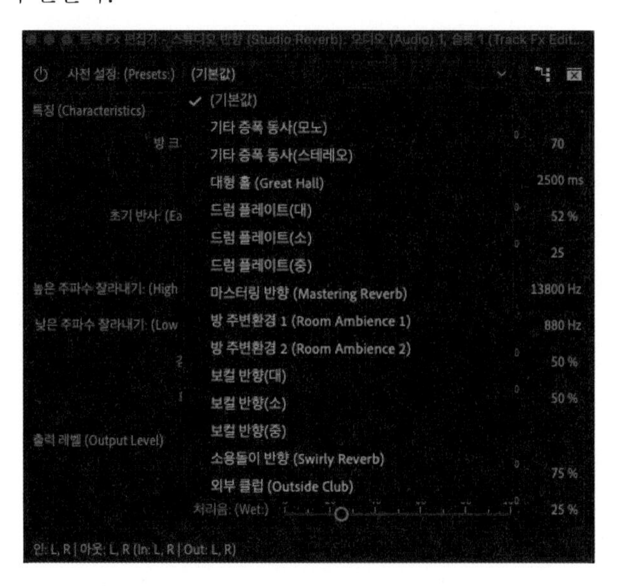

참고적으로 [사전설정(Presets)]에 있는 [마스터링 반향(Mastering Reverb)]은 개별 트랙에 사용하지 말고 각각 트랙의 소리가 합산되어 나가는 최종 트랙에 사용하면 좋다. 마스터링(Mastering)이라는 것은 모든 트랙들의 소리들을 합하여 다듬어 주는 최종적인 과정이다. 그래서 최종 트랙에 [마스터링 반향(Mastering Reverb)]을 아주 조금만 사용하면 모든 소리들이 한 공간에서 잘 어울리는 듯한 공간감을 줄 수도 있다. 흔히들 초보자가 가장 많이 실수하는 부분이 너무 과하게 리버브(Reverb)를 사용한다는 점이다. 과하게 사용하면 사운드가 혼탁해지고 흐려져서 중요한 소리들이 잘 안 들리게 되는 상황이 발생할 수도 있다. 이펙터 사용시 항상 주의할 점은 과하게 사용하면 인위적인 느낌이 많이 발생하니까 본인의 생각보다 조금만 낮춰서 사용하는 것을 권장한다. 그리고 중 · 고음 악기나 소리들은 리버브(Reverb)가 어느 정도 많이 들어가도 좋지만 저음 악기나 소리들에 리버브(Reverb)가 많이 사용되면 굉장히 지저분할 수 있기 때문에 아주 조심해서 사용하거나 아니면 아예 사용 안 하여도 된다. 그리고 보컬과 반주음악(MR)이 있다면 보컬 부분에만 리버브(Reverb)를 사용하면 된다.

많이 사용되는 리버브(Reverb)의 종류들은 다음과 같다.

- **홀(Hall)** : 큰 공간에서 들리는 느낌이며 리버브(Reverb)가 지속되는 시간이 길다. 가장 리버브(Reverb)의 느낌을 강하게 받을 수 있다.
- **스테이지(Stage)** : 홀(Hall)보다는 작은 공간에서 울리는 느낌이다.
- **룸(Room)** : 작은 방에서 들리는 느낌이며 리버브(Reverb)가 지속되는 시간이 짧으며 리버브(Reverb)의 느낌이 약하다.
- **플레이트(Plate)** : 실제 레코딩 스튜디오에서 흔히 볼 수 있는 유형이며 진동하는 금속판을 사용하여 잔향을 발생시키는 구조이다. 플레이트(Plate)는 사운드에 따뜻함을 더해주기도 하며 주로 보컬이나 솔로 악기에 효과적으로 사용된다.

2) 복합 반향(Convolution Reverb)

복합 반향(Convolution Reverb)은 재현해 내고자 하는 환경의 임펄스 응답 샘플로부터 잔향을 만들어 내는 방식으로 알고리즘을 사용한 스튜디오 리버브(Studio Reverb)보다 더 자연스러운 잔향을 만들 수 있다. 그리고 상당한 처리 과정이 필요하므로 성능이 낮은 시스템에서는 잡음이 발생할 수도 있다. 하지만 이펙터를 적용한 후에는 잡음들이 사라진다.

오디오 트랙 믹서(Audio Track Mixer)-화살표 클릭

비어 있는 슬롯의 화살표를 클릭한다.

여러 가지 이펙터들이 나타나면 [반향(Reverb)]에서 [복합 반향(Convolution Reverb)]을 선택한다.

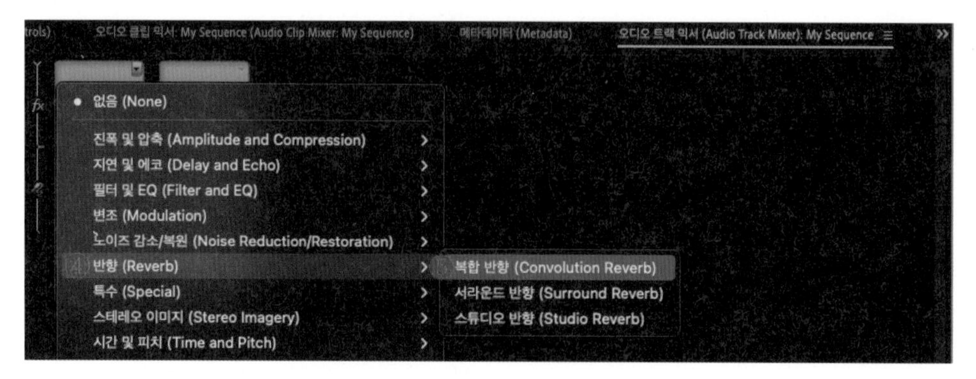

[복합 반향(Convolution Reverb)]이 삽입된 후에 슬롯에 있는 [복합 반향(Convolution Reverb)]을 더블 클릭하면 세부 설정을 할 수 있는 창이 열린다.

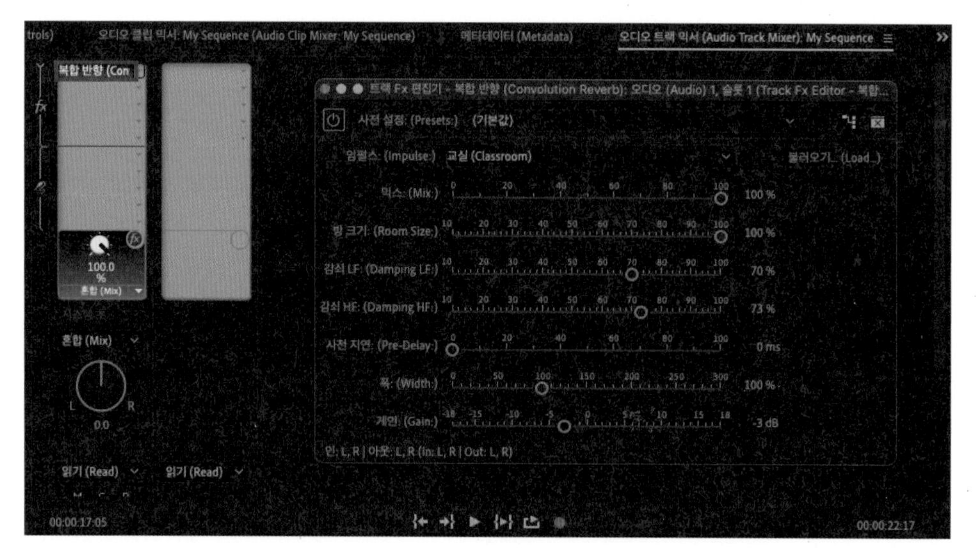

• **임펄스(Impulse)** : 음향 공간을 시뮬레이션하는 파일을 지정한다. 프리미어 프로가 제공하는 기본 파일들을 사용할 수도 있고 다른 경로로 구입한 파일이 있다면 불러오기를 통하여 WAV 또는 AIFF 형식의 파일을 추가할 수도 있다.

• **믹스(Mix)** : 원본과 리버브(Reverb)의 비율을 제어하는 기능이다. 스튜디오 반향(Studio Reverb)의 [원음(Dry)]과 [처리음(Wet)] 기능과 같다.

• **방 크기(Room Size)** : 임펄스 파일로 정의된 방 크기를 설정하는 기능이다. 백분율 값이 높을수록 리버브(Reverb)도 길어진다.

• **감쇠LF(Damping LF)** : 리버브(Reverb)에서 낮은 주파수의 무거운 저음 구성 요소를 감소시켜 탁한 소리를 없애고 좀 더 명료한 사운드를 만드는 기능이다.

• **감쇠HF(Damping HF)** : 리버브(Reverb)에서 높은 주파수의 과도한 신호 구성 요소를 감소시켜 거센 소리를 없애고 조금 더 따뜻하고 풍부한 사운드를 만드는 기능이다.

• **사전 지연(Pre-Delay)** : 직접음이 들리고 난 후 리버브(Reverb)가 발생되기 시작하는 시간을 결정하는 기능이다. 자연스러운 사운드를 만들고 싶다면 0~10ms을 추천하고 50ms 이상을 사용하여 특이한 사운드를 만들 수도 있다.

• **폭(Width)** : 리버브(Reverb)는 여러 방향에서 반사되어 돌아오는 잔향들이기 때문에 스테레오가 자연스럽다. 하지만 필요에 따라서 모노로 사용할 수도 있기 때문에 0%로 설정하면 모노가 되고 100%로 설정하면 스테레오로 사용할 수 있도록 폭을 설정하는 기능이다.

• **게인(Gain)** : 크기를 증폭하거나 감소시키는 기능이다.

3) 서라운드 반향(Surround Reverb)

서라운드 반향(Surround Reverb)은 5.1채널(Ch) 사운드를 만들기 위한 기능이다. 5.1Ch이란 홈시어터 스피커 시스템처럼 5개의 지향성 스피커와 1개의 무지향성 스피커를 통하여 사운드를 구성하는 방법이다.

Front Left Speaker

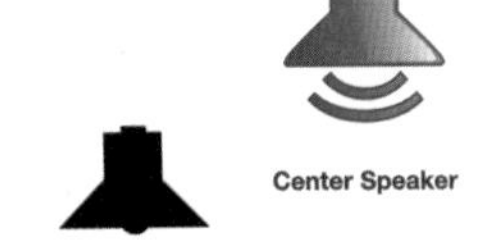

Center Speaker

Sub Wooper Speaker

Front Right Speaker

Rear Left Speaker

Rear Right Speaker

〈5.1Ch 스피커 구조도〉

소리가 정확한 방향으로 재생되는 지향성 스피커는 앞에서 소리를 내며 주로 대사를 담당하는 센터(Center) 스피커와 양 옆에서 음악이나 효과음들을 담당하는 프론트 레프트(Front Left) 스피커와 프론트 라이트(Front Right) 스피커가 있다. 그리고 서라운드 기능을 하기 위하여 뒤쪽에서 들리는 효과음을 담당하는 리어 레프트(Rear Left) 스피커와 리어 라이트(Rear Right) 스피커를 포함하여 5개의 지향성 스피커가 5Ch을 담당한다. 지향성 스피커는 방향성이 있는 스피커이기 때문에 반드시 정확한 위치에서 소리를 재생해야 하며 방향과 상관없이 저음을 담당해 주는 무지향성 스피커인 서브 우퍼(Sub Wopper) 스피커가 0.1Ch을 담당해서 5.1Ch로 구성되어 있는 시스템이다.

오디오 트랙 믹서(Audio Track Mixer)－화살표 클릭

비어 있는 슬롯의 화살표를 클릭한다.

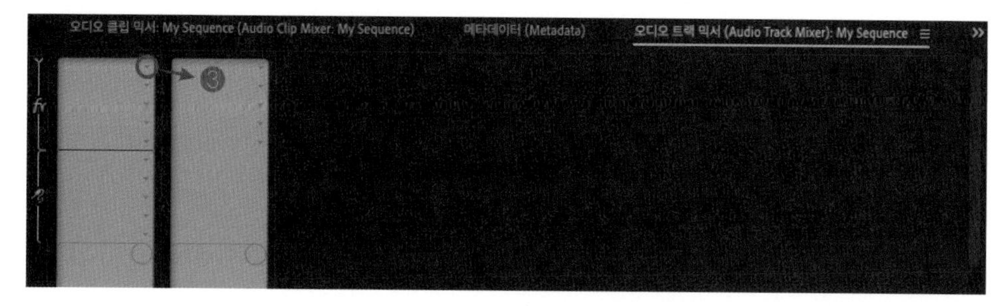

여러 가지 이펙터들이 나타나면 [반향(Reverb)]에서 [서라운드 반향(Surround Reverb)]을 선택한다.

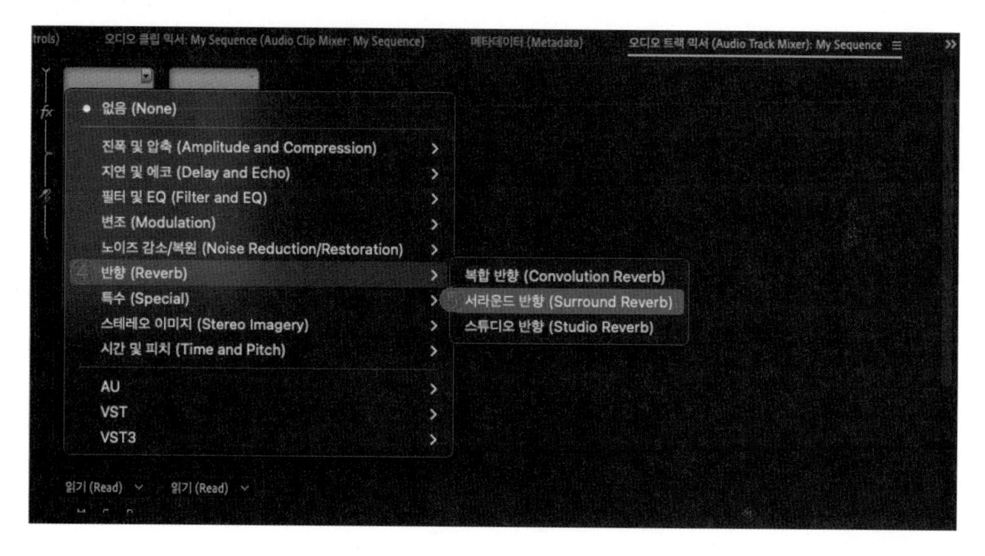

[서라운드 반향(Surround Reverb)]이 삽입된 후에 슬롯에 있는 [서라운드 반향(Surround Reverb)]을 더블 클릭하면 세부 설정을 할 수 있는 창이 열린다.

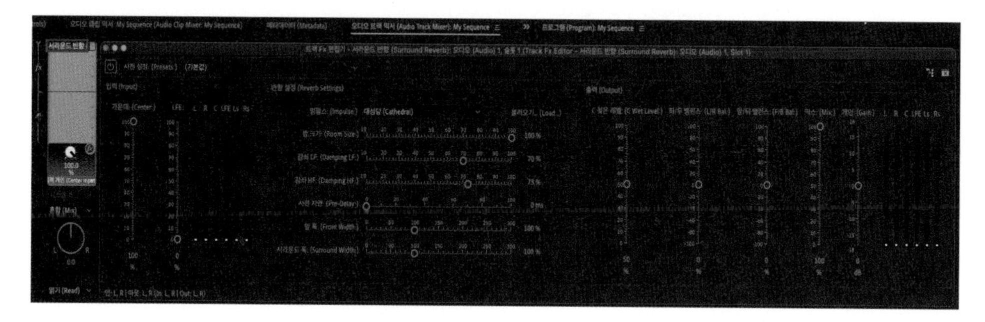

[서라운드 반향(Surround Reverb)]의 일반 메뉴들은 다른 리버브들(Reverb)과 크게 차이가 나지는 않지만 5.1Ch을 설정하기 위한 부분이 추가되어 있다. 그리고 일반적으로 많이 혼동하는 부분이 있는데 LFE와 서브우퍼가 동일하지 않다는 점이다. LFE(Low Frequency Effects)란 120Hz 미만의 저음역 효과 채널이다. LFE 채널과 서브우퍼 출력 사이의 차이점은 LFE 채널은 돌비 디지털 프로그램 내에서 추가의 저역 신호를 전달하는데 사용되는 반면 서브우퍼 출력은 서브우퍼로 재생하도록 선택된 최대 모든 6개의 채널로부터의 저역 신호이다. 따라서 LFE와 서브우퍼라는 용어는 서로 바꾸어 쓸 수 없다.

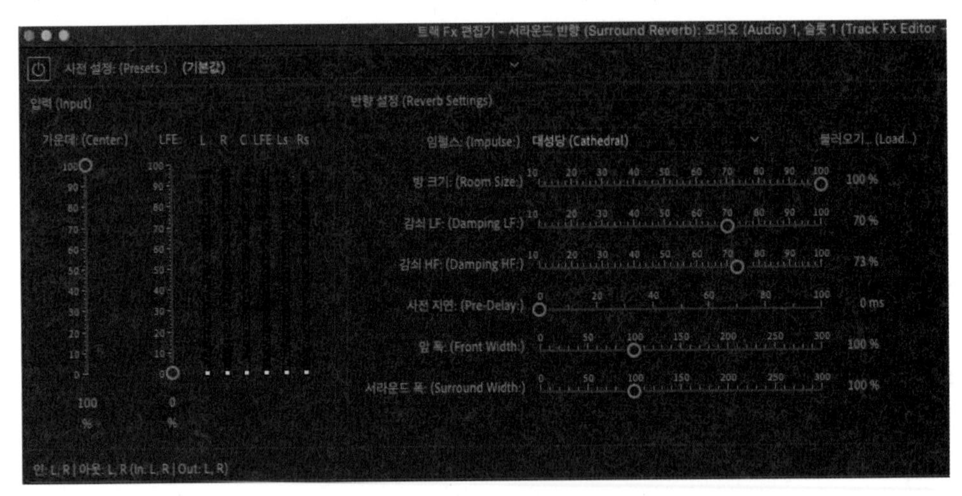

입력(Input)

- **가운데(Center)** : 입력된 신호 중에서 가운데 채널의 비율을 결정한다.
- **LFE** : 다른 채널의 리버브(Reverb) 중에서 낮은 주파수 부분의 비율을 결정한다.
  LFE 신호 자체는 리버브(Reverb)되지 않는다.

반향 설정(Reverb Settings)

- **임펄스(Impulse)** : 음향 공간을 시뮬레이션하는 파일을 지정한다. 프리미어 프로가 제공하는 기본 파일들을 사용할 수도 있고 다른 경로로 구입한 파일이 있다면 불러오기를 통하여 WAV 또는 AIFF 형식의 파일을 추가할 수도 있다.

- **방 크기(Room Size)** : 임펄스 파일로 정의된 방 크기를 설정하는 기능이다. 백분율 값이 높을수록 리버브(Reverb)도 길어진다.
- **감쇠LF(Damping LF)** : 리버브(Reverb)에서 낮은 주파수의 무거운 저음 구성 요소를 감소시켜 탁한 소리를 없애고 좀 더 만들고 명료한 사운드를 만드는 기능이다.
- **감쇠HF(Damping HF)** : 리버브(Reverb)에서 높은 주파수의 과도한 신호 구성 요소를 감소시켜 거센 소리를 없애도 조금 더 따뜻하고 풍부한 사운드를 만드는 기능이다.
- **사전 지연(Pre-Delay)** : 직접음이 들리고 난 후 리버브(Reverb)가 발생되기 시작하는 시간을 결정하는 기능이다. 자연스러운 사운드를 만들고 싶다면 0~10ms을 추천하고 50ms 이상을 사용하여 특이한 사운드를 만들 수도 있다.
- **앞 폭(Front Width)** : 앞쪽 3개 채널의 모노와 스테레오를 설정한다. 리버브(Reverb)는 여러 방향에서 반사되어 돌아오는 잔향들이기 때문에 스테레오가 자연스럽다. 하지만 필요에 따라서 모노로 사용할 수도 있기 때문에 0%로 설정하면 모노가 되고 100%로 설정하면 스테레오로 사용할 수 있도록 폭을 설정하는 기능이다.
- **서라운드 폭(Surround Width)** : 후방 서라운드 채널(왼쪽 및 오른쪽)의 모노와 스테레오를 설정한다.

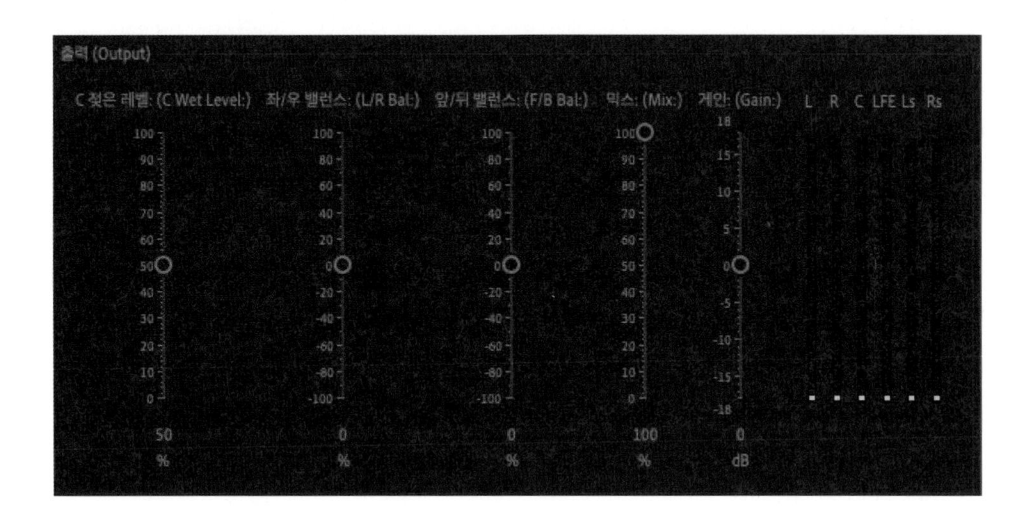

출력(Output)

- **C젖은 레벨(C Wet Level)** : 가운데 채널에 추가되는 리버브(Reverb)의 양을 설정하는 기능이다. 이 채널은 보통 대화가 주된 목적이기에 일반적으로 리버브(Reverb)의 양이 많으면 안 된다.
- **좌/우 밸런스(L/R Bal)** : 전면 및 후면 스피커의 좌/우 밸런스를 제어한다. 값이 100인 경우 왼쪽에서만 리버브(Reverb)가 걸리고 -100인 경우 오른쪽에서만 리버브(Reverb)가 걸린다.
- **앞/뒤 밸런스(F/B Bal)** : 왼쪽 및 오른쪽 스피커의 앞/뒤 밸런스를 제어한다. 값이 100인 경우 앞쪽에서만 리버브(Reverb)가 걸리고 -100인 경우 뒤쪽으로만 리버브(Reverb)가 걸린다.
- **믹스(Mix)** : 원본과 리버브(Reverb)의 비율을 제어하는 기능이다. 100으로 설정하면 리버브(Reverb)만 출력된다.
- **게인(Gain)** : 크기를 증폭하거나 감소시키는 기능이다.

출력 모니터링을 위한 미터

- L(Left) : 앞 왼쪽 스피커
- R(Right) : 앞 오른쪽 스피커
- C(Center) : 앞 가운데 스피커
- LFE(Low Frequency Effects) : 저음역 효과
- Ls(Left surround) : 뒤 왼쪽 스피커
- Rs(Right surround) : 뒤 오른쪽 스피커

5.1Ch 사운드를 감상하기 위해서는 5.1Ch 스피커 시스템이 구성 되어 있어야 한다. 일반적인 스테레오 스피커 환경에서는 5.1Ch로 구성되어 있는 사운드나 동영상을 감상할 수가 없다. 여러 가지 문제로 보통 환경에서 아직까지는 많이 사용하지는 않지만 5.1Ch의 개념을 이해하고 있는 것은 중요하다.

6. 딜레이(Delay)

딜레이(Delay)란 지연이란 뜻으로 원래의 소리가 나온 후 조금 있다가 똑같은 소리가 들리는 원리이다. 쉽게 생각하면 산에서 큰 소리를 내면 조금 후에 그 소리가 되돌아오는 메아리와 같다고 보면 된다. 리버브(Reverb)에서 설명했던 에코(Echo)는 이러한 딜레이(Delay)와 리버브(Reverb)가 합쳐진 것과 같다.

딜레이(Delay)는 소리를 만들 때 여러 가지로 활용할 수 있다. 보컬에 깊이감을 주고 싶거나 악기나 백보컬 등을 풍성하거나 넓게 들리게 하고 싶을 때, 솔로 악기를 더욱 더 부각시키고 싶을 때 등 굉장히 많다. 이런 이유로 딜레이(Delay)는 음악에서 빠질 수 없는 이펙터이다.

1) 지연(Delay)

지연(Delay)효과를 가장 간단하게 사용할 수 있다.

오디오 트랙 믹서(Audio Track Mixer)－화살표 클릭

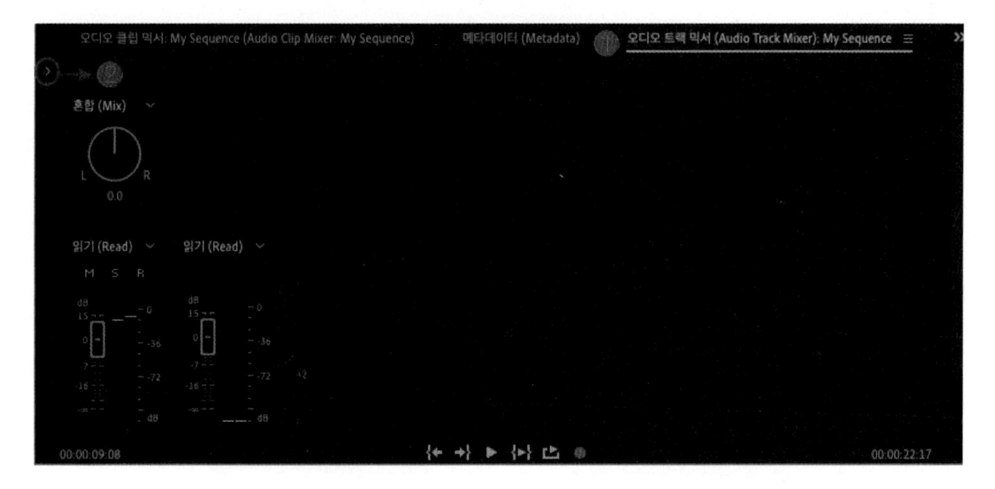

비어 있는 슬롯의 화살표를 클릭한다.

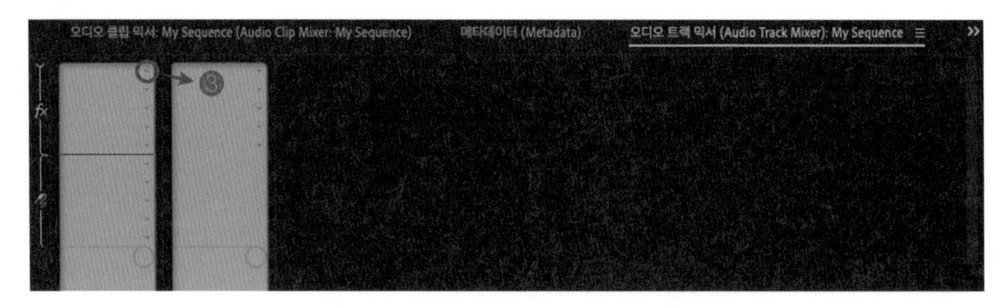

여러 가지 이펙터들이 나타나면 [지연 및 에코(Delay and Echo)]에서 [지연(Delay)]을 선택한다.

[지연(Delay)]을 선택해서 삽입한 후에 슬롯 밑에 쪽에 위치한 메뉴의 화살표를 클릭하면 세부 설정을 할 수 있고 노브(Knob)를 돌려서 설정하는 방식이다.

- **지연(Delay)** : 시간을 설정하여 지연된 소리가 반복해서 나오게 하는 기능이다. 단위는 ms 이다.
- **피드백(Feedback)** : 지연되어 나오는 소리가 몇 번 반복해서 나올 것인가를 설정하는 기능이다. 0%면 한 번만 반복되고 백분율이 올라갈수록 많이 반복되어 나온다.
- **혼합(Mix)** : 원본 소리와 지연된 소리의 비율을 제어하는 기능이다. 100으로 설정하면 지연(Delay)만 출력된다.

2) 멀티탭 지연(Multitap Delay)

멀티탭 지연(Multitap Delay)은 딜레이가 4개 달린 구조이다. 각각 다르게 설정하여 4개까지 사용할 수 있어서 다양하게 활용할 수 있으며 모노와 스테레오는 물론 5.1Ch 클립에 대하여 사용할 수 있다.

오디오 트랙 믹서(Audio Track Mixer)－화살표 클릭

비어 있는 슬롯의 화살표를 클릭한다.

여러 가지 이펙터들이 나타나면 [지연 및 에코(Delay and Echo)]에서 [멀티탭 지연(Multitap Delay)]을 선택한다.

멀티탭 지연(Multitap Delay)을 선택해서 삽입한 후에 슬롯 밑에 쪽에 위치한 메뉴의 화살표를 클릭하면 세부 설정을 할 수 있고 노브(Knob)를 돌려서 설정하는 방식이다.

- **지연(Delay)** : 시간을 설정하여 지연된 소리가 반복해서 나오게 하는 기능이다. 단위는 ms이다.
- **피드백(Feedback)** : 지연되어 나오는 소리가 몇 번 반복해서 나올 것인가를 설정하는 기능이다. 0%면 한 번만 반복되고 백분율이 올라갈수록 많이 반복되어 나온다.
- **레벨(Level)** : 지연(Delay)의 소리 크기를 제어한다. 단위는 dB이다.
- **혼합(Mix)** : 원본 소리와 지연된 소리의 비율을 제어하는 기능이다. 100으로 설정하면 지연(Delay)만 출력된다.

3) 아날로그 지연(Analog Delay)

일반적인 딜레이(Delay) 기능에다가 빈티지 하드웨어의 따뜻한 소리를 묘사한 기능이 추가되어 있다. 고유한 옵션을 통하여 독특하게 왜곡된 소리들을 착색하고 딜레이(Delay)의 스테레오 확산감을 조정할 수 있다.

오디오 트랙 믹서(Audio Track Mixer)－화살표 클릭

비어 있는 슬롯의 화살표를 클릭한다.

여러 가지 이펙터들이 나타나면 [지연 및 에코(Delay and Echo)]에서 [아날로그 지연(Analog Delay)]을 선택한다.

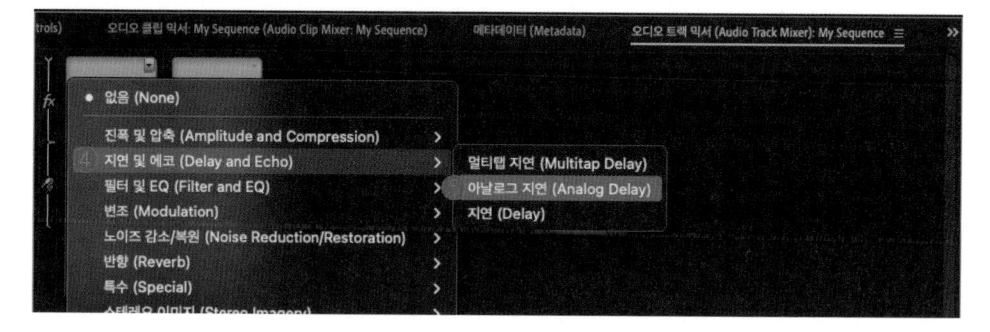

[아날로그 지연(Analog Delay)]을 삽입한 후에 슬롯에 있는 [아날로그 지연(Analog Delay)]을 더블 클릭하면 세부 설정을 할 수 있는 창이 열린다.

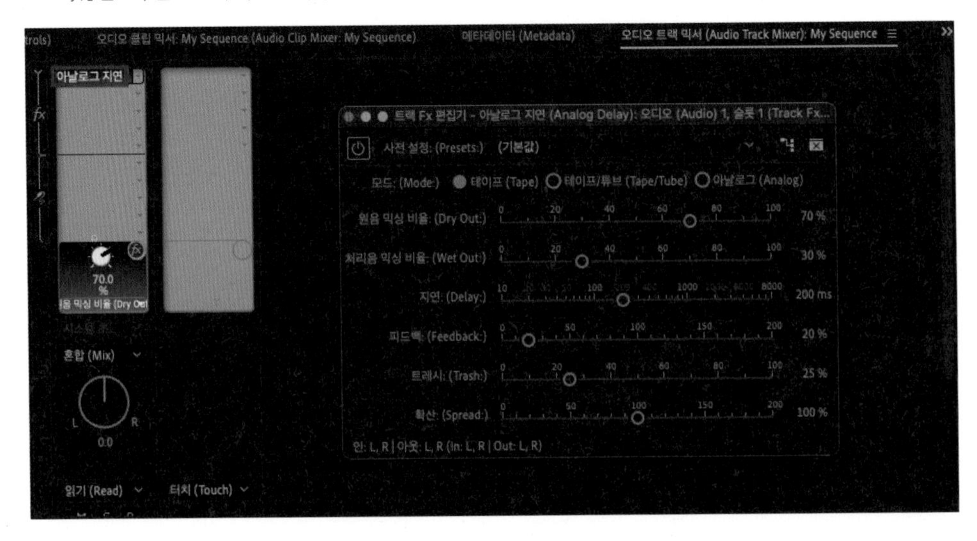

- **모드(Mode)** : 어떠한 하드웨어적인 특성을 착색하여 질감의 변화를 줄 것인가를 결정한다. [테이프(Tape)]와 [테이프(Tape)/튜브(Tube)], [아날로그(Analog)]마다 조금씩 소리 질감의 차이가 발생하고 테이프와 튜브는 빈티지 사운드 특성이 있다. 모두 들어보고 결정하는 것을 추천한다.
- **원음 믹싱 비율(Dry Out)** : 원본 소리의 비율을 결정한다.
- **처리음 믹싱 비율(Wet Out)** : 딜레이(Delay) 소리의 비율을 결정한다.
- **지연(Delay)** : 시간을 설정하여 지연된 소리가 반복해서 나오게 하는 기능이다. 단위는 ms이다.
- **피드백(Feedback)** : 지연되어 나오는 소리가 몇 번 반복해서 나올 것인가를 설정하는 기능이다. [0%]면 한 번만 반복되고 백분율이 올라갈수록 많이 반복되어 나온다. [20%]의 값으로 설정하면 원본 소리의 1/5로 감소된 소리가 나오면서 부드럽게 사라지는 딜레이(Delay) 설정을 할 수 있다. [200%]를 설정하면 원본 소리의 2배로 빠르고 강하게 커진 소리가 나오는 딜레이(Delay) 설정을 할 수 있다.
- **트래시(Trash)** : 왜곡을 증가시키고 낮은 주파수를 증폭시켜 따뜻한 느낌을 더해 주는 기능이다.
- **확산(Spread)** : 딜레이(Delay)의 스테레오 폭을 결정한다.

딜레이(Delay)를 사용하면 소리가 깊어지는 효과를 얻을 수 있다. 그래서 음악에서는 굉장히 많이 사용하는 테크닉이다. 공간감을 얻기 위하여 흔히 리버브(Reverb)만 생각하는 경우도 있는데 딜레이(Delay)를 이용해도 효과는 좋으며 음악이나 음향을 전문적으로 하는 엔지니어나 전문가들은 리버브(Reverb)와 딜레이(Delay)를 병행하여 사용하는 편이다. 반드시 보컬의 노래 소리에만 사용하는 것이 아니고 일반적인 목소리의 경우에도 딜레이(Delay)를 50ms 이내로 사용하면 목소리를 두껍고 힘 있게 만들 수 있다.

7. 디에서(DeEsser)

디에서(DeEsser)는 강하게 발음할 때 주로 발생하는 치찰음(Sibilance)과 고주파수 영역에서 발생할 수 있는 거친 소리이다. 영어로는 'S' 또는 'T(TS)' 발음과 한글로는 'ㅅ', 'ㅌ', 'ㅊ', 'ㅈ', 발음에서 나오는 마찰음이다.
성별, 발음 습관, 성향에 따라서 치찰음이 발생되는 주파수는 달라지며 주로 7~10Khz에서 발생한다. 이러한 소리들은 귀를 피곤하게 하며 듣기가 좋지 않기에 치찰음을 제거하기 위해 디에서(DeEsser) 이펙터를 사용한다.
기본적으로 디에서는 컴프레서(Compressor)의 일종이면서 특정 주파수 영역에만 소리를 압축하여 볼륨을 제어하는 기능이라고 생각하면 된다. 그런데 치찰음이 크게 들린다고 반드시 그 부분의 볼륨이 큰 것도 아니고 오히려 다른 부분보다도 작을 수도 있기에 일반 컴프레서를 사용하지 않고 디에서를 사용하는 것이다.

■ DeEsser

오디오 트랙 믹서(Audio Track Mixer)－화살표 클릭

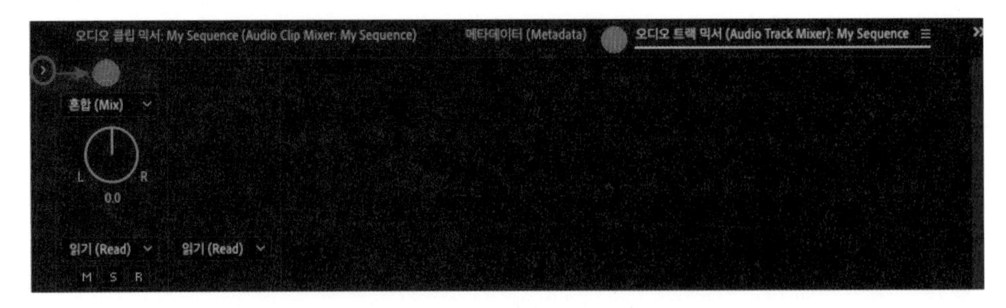

비어 있는 슬롯의 화살표를 클릭한다.

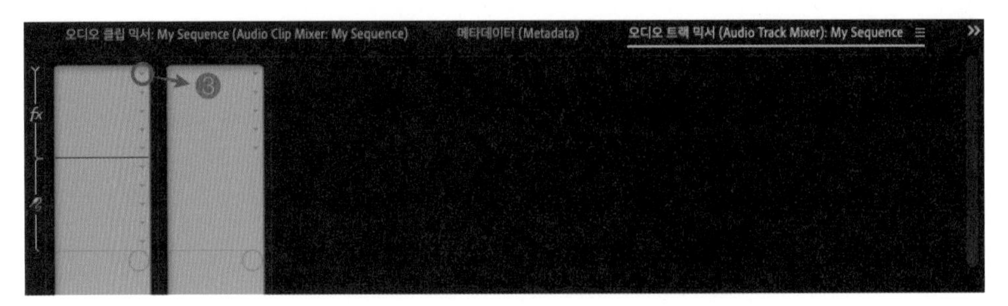

여러 가지 이펙터들이 나타나면 [진폭 및 압축(Amplitude and Compression)]에서 [DeEsser]를 선택한다.

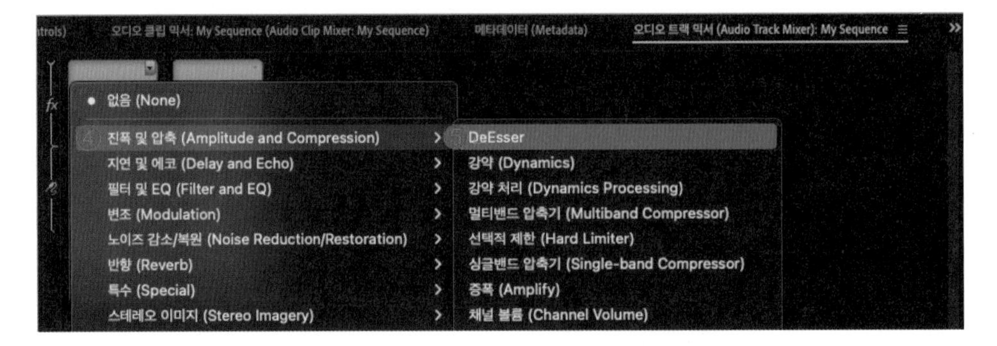

[DeEsser]를 삽입한 후에 슬롯에 있는 [DeEsser]를 더블 클릭하면 세부 설정을 할 수 있는 창이 열린다.

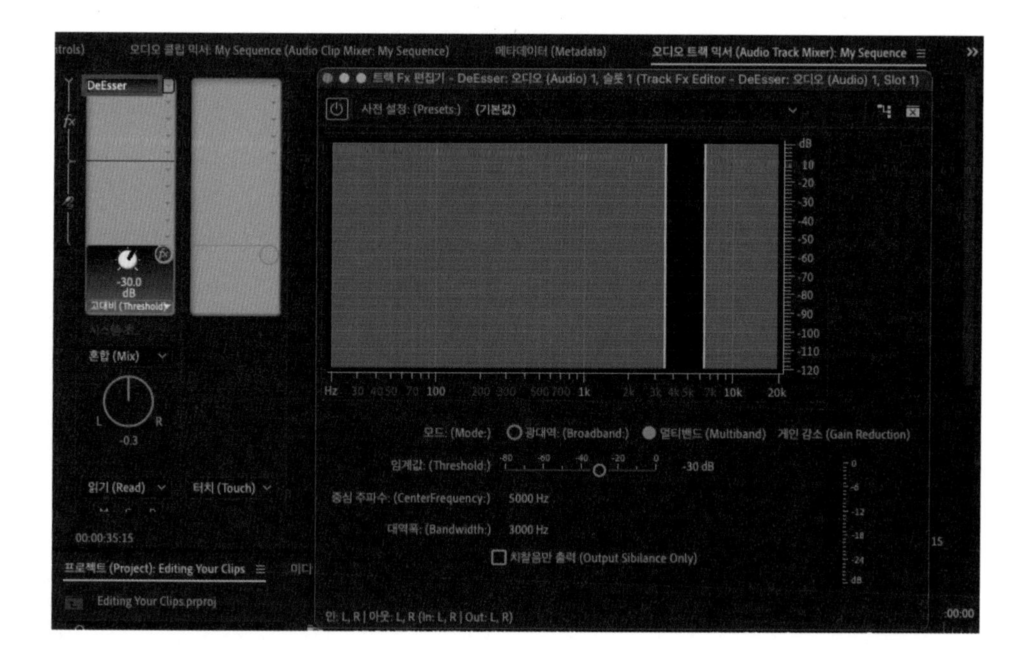

- **모드(Mode)** : 모든 주파수를 균일하게 압축하고 싶으면 [광대역(Broadband)]를 선택하고 치찰음 범위만 압축하려면 [멀티밴드(Multiband)]를 선택하면 된다. 대부분의 상황에서는 [멀티밴드(Multiband)]를 사용하면 되지만 [광대역(Broadband)]에 비해서는 처리 시간이 약간 걸리는 특징이 있다.
- **임계값(Threshold)** : 설정한 dB보다 큰 소리는 압축을 시작하는 기능이다.
- **중심 주파수(CenterFrequency)** : 가장 치찰음이 강한 주파수를 지정하는 기능이다.
- **대역폭(Bandwidth)** : 치찰음을 압축할 주파수의 범위를 결정한다.
- **치찰음만 출력(Output Sibilance Only)** : 치찰음을 들을 수 있는 기능이다. 소리 재생 중에 이 부분을 체크하면 감지된 치찰음을 들을 수 있다. 치찰음을 들으면서 미세 조정하여 치찰음을 제거하는 방법을 권장한다.
- **게인 감소(Gain Reduction)** : 얼마만큼 치찰음이 압축되고 있는지에 대한 레벨을 보여준다.

디에서(DeEsser)를 사용한 것과 안한 것의 차이는 상당히 크다. 치찰음이 많이 발생한 소리들은 사람의 귀를 피곤하게 만들기 때문에 사용하는 것을 권장하지만 디에서(DeEsser)라는 이펙터 역시 컴프레서(Compressor)와 마찬가지로 소리를 압축하는 과정이기에 과하게 사용하면 소리가 답답해지고 힘이 없게 된다. 그래서 치찰음을 완전히 없애겠다는 생각보다는 줄인다는 느낌으로 사용하는 것이 좋다. 그리고 치찰음이 어떤 특정 주파수에서만 발생하는 것은 아니므로 좁은 범위로 설정한 몇 개의 디에서(DeEsser)를 사용하는 것도 방법이다.

8. 피치 변환(Pitch Shift)

피치 변환(Pitch Shift) 효과는 음의 높낮이를 변경하는 기능이다. 일반적으로 음악에서 음의 높낮이를 바꾸기 위해 사용하기도 하지만 목소리 변조를 위하여 많이 사용하기도 한다.

■ 피치 변환(Pitch Shift)

오디오 트랙 믹서(Audio Track Mixer)－화살표 클릭

비어 있는 슬롯의 화살표를 클릭한다.

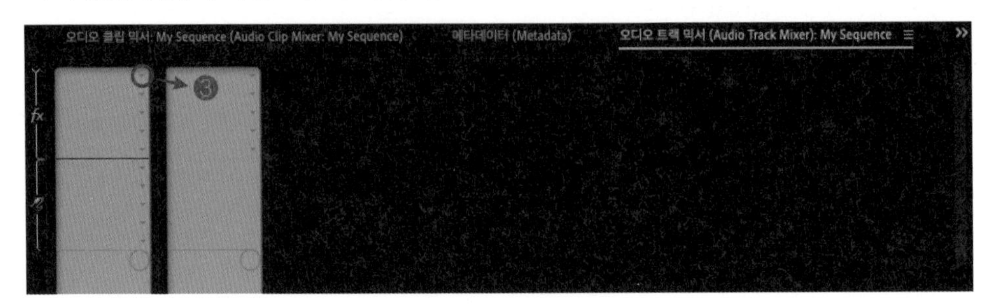

여러 가지 이펙터들이 나타나면 [시간 및 피치(Time and Pitch)]에서 [피치 변환(Pitch Shifter)]을 선택한다.

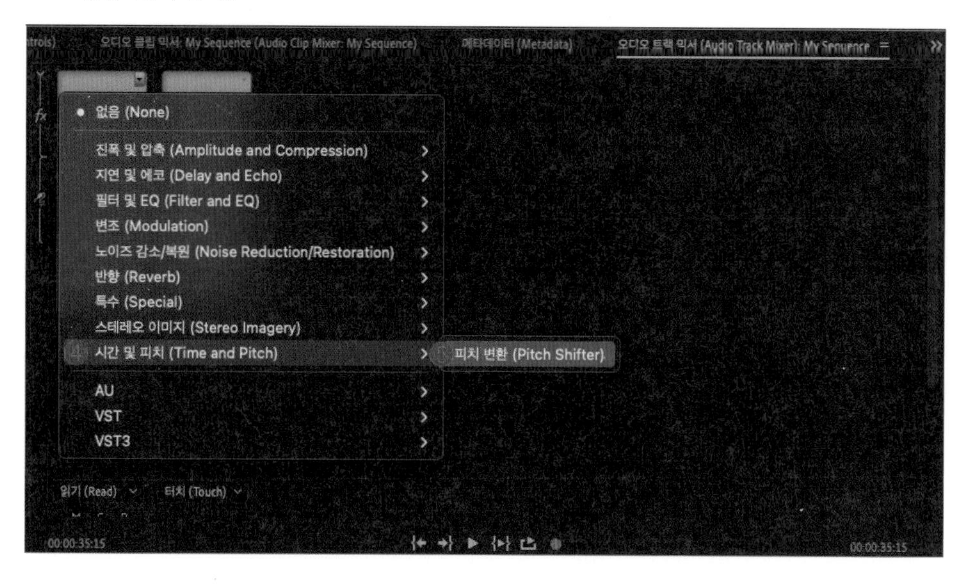

[피치 변환(Pitch Shifter)]을 삽입한 후에 슬롯에 있는 [피치 변환(Pitch Shifter)]을 더블 클릭하면 세부 설정을 할 수 있는 창이 열린다.

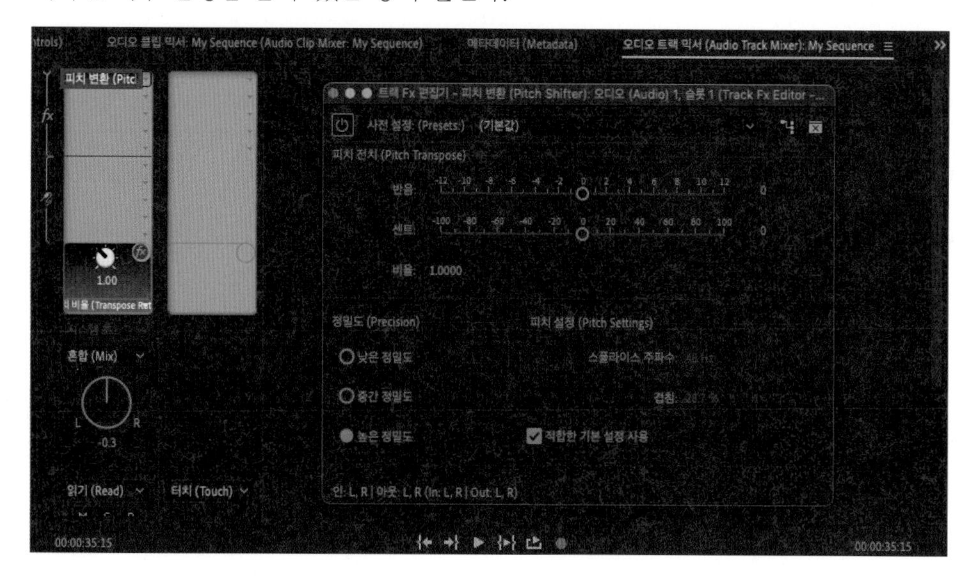

피치 전치(Pitch Transpose) – 음정을 바꿀 때 사용하는 기능이다.

- **반음(Semi-tones)** : 음정을 반음 단위로 올리거나 내릴 수 있다. 예를 들어 음정이 도(C)인 상황에서 1을 올리면 도#(C#)으로 반음이 높아진다. 0인 상황이 원래 음정이고 +12가 되면 1옥타브가 올라간다. 반대로 –12가 되면 1옥타브 낮아진다.
- **센트(Cents)** : 반음 안에서 미세하게 음정을 올리거나 낮출 때 사용하는 기능이다.
- **비율(Ratio)** : 변화된 음정과 원래 음정 사이를 나타낸다. [반음]과 연동되어 있으며 0.5는 1옥타브 낮음이 되고 2.0은 1옥타브 높음이 된다.

정밀도(Precision) – 사운드의 품질을 결정할 때 사용되는 기능이다.

- **낮은 정밀도(Low Precision)** : 8비트 또는 저품질의 오디오와 같은 상황에서는 낮은 정밀도로 사용하면 된다.
- **중간 정밀도(Medium Precision)** : 중간 품질의 오디오에서는 중간 정밀도로 사용하면 된다.
- **높은 정밀도(High Precision)** : 높은 정밀도는 소리를 변환하는 데 가장 오래 걸린다. 품질이 좋은 오디오에서 사용하면 된다.

피치 설정(Pitch Settings) – 오디오를 처리하는 방법을 제어하는 기능이다.

- **스플라이스 주파수(Splicing Frequency)** : 각 오디오 데이터 묶음의 크기를 결정한다. 피치 변환 효과는 오디오를 작은 묶음으로 나누어 처리하는데 값이 높을수록 시간에 따라 더 정확해진다. 하지만 값이 너무 높아지면 소리의 인위적인 느낌이 더 강해진다.
- **겹침(OverLapping)** : 오디오 데이터 묶음이 겹치는 양을 결정하는 것인데 겹침의 양이 많으면 소리가 중첩되는 현상이 발생할 수 있다. 0%부터 50%까지 설정하여 사용할 수 있다.

- **적절한 기본 설정 사용(Use appropriate default settings)** : 체크하면 [스플라이스 주파수]와 겹침에 적절한 기본값을 자동으로 적용시켜 준다. 특별한 상황이 아니라면 항상 체크해서 사용하는 것을 권장한다.

[피치 변환(Pitch Shifter)]은 여러 가지 상황에서 유용하게 사용할 수 있다. 하지만 1옥타브를 올리거나 내릴 수 있는 기능이 있다고 하여도 실제적으로 3~5 이상의 반음을 바꾸게 되면 인위적인 느낌이 너무 많이 나기 때문에 사용하기가 쉽지 않다. 많은 음정을 변화하고자 할 때는 꼭 소리를 들어보면서 사용해야 한다.

그리고 많이 실수하는 경우가 음악에 피치 변환(Pitch Shifter)을 사용할 때이다. 일반적인 악기들은 음정을 변화해서 사용할 수 있지만 드럼과 같은 타악기가 음악 안에 포함되어 있을 때 드럼(Drum) 소리가 너무 변하기 때문에 사용할 수 없게 된다. 또한 기타(Guitar)와 같은 악기가 포함되어 있을 때도 문제가 발생할 수 있다. 너무 저음이 없어진 소리나 고음이 너무 많아진 소리로 바뀔 수 있기 때문이다. 실제 기타를 연주할 때는 그런 식으로 연주하지 않기 때문이다. 이런 점을 고려하여 많은 음정 변화를 시도하지 않는 것을 추천한다.

9. 스테레오 이미지(Stereo Imagery)

[스테레오 확장기(Stereo Expander)]는 스테레오의 이미지를 확장하고자 할 때 사용한다. 일반적으로 더 웅장한 느낌이나 넓은 스테이지 이미지를 만들고 싶을 때 많이 사용하며 개별 트랙보다는 최종 트랙인 혼합(Mix)트랙에서 사용하는 것이 좋다.

오디오 트랙 믹서(Audio Track Mixer)−화살표 클릭

비어 있는 슬롯의 화살표를 클릭한다.

여러 가지 이펙터들이 나타나면 [스테레오 이미지(Stereo Imagery)]에서 [스테레오 확장기(Stereo Expander)]를 선택한다.

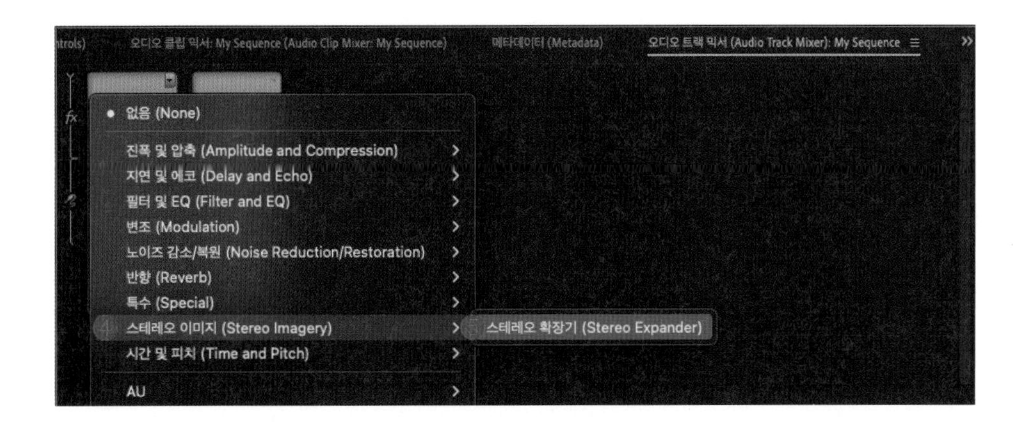

[스테레오 확장기(Stereo Expander)]를 삽입한 후에 슬롯에 있는 [스테레오 확장기(Stereo Expander)]를 더블 클릭하면 세부 설정을 할 수 있는 창이 열린다.

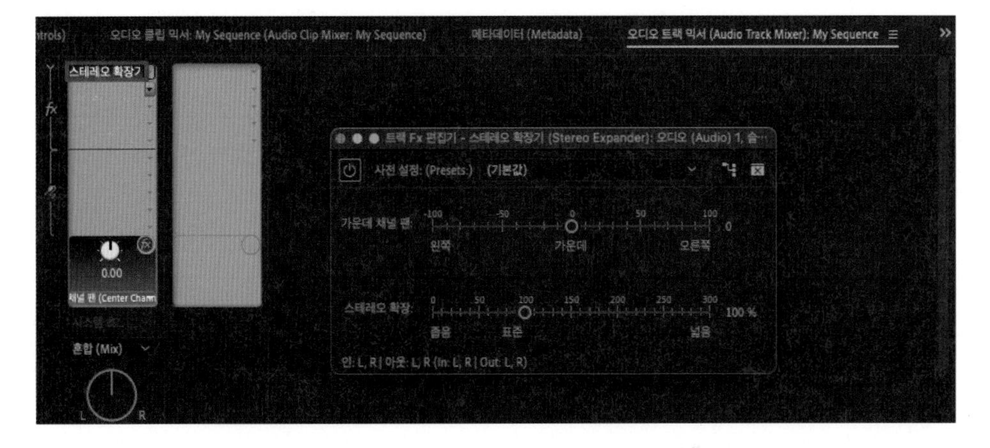

• 가운데 채널 팬(Center Channel Pan) : 스테레오 이미지의 가운데를 완전 [왼쪽](-100%)에서 완전 [오른쪽](100%) 사이에 정해줄 수 있다.

• 스테레오 확장(Stereo Expand) : 스테레오 이미지를 [표준]에서 [넓음] 사이로 확장할 수 있다.

스테레오 이미지가 넓으면 사운드가 화려해지는 느낌도 있다. 하지만 집중의 요소가 부족해질 수도 있기에 이미지가 무조건 확장되는 것만이 좋은 것은 아니라는 점을 참고하기 바란다.

10. 보컬 향상(Vocal Enhancer)

보컬 향상(Vocal Enhancer) 이펙터는 손쉽게 좋은 소리로 바꿔 주는 기능이다. [낮은 톤(Low Tone)] 및 [높은 톤(High Tone)] 모드를 설정하면 치찰음과 파열음을 자동으로 감소시키며 마이크 사용으로 인하여 낮게 웅얼거리는 듯한 소음들도 감소시킨다. 그리고 마이크 모델링에 따른 압축에도 적용되어 보컬에 라디오 사운드 특성을 부여하기도 한다. 음악(Music) 모드는 음악을 최적화하여 음성을 삽입하기 쉽게 보완한다. 복잡한 설정 없이 간편하게 사용할 수 있어서 편리함을 주니 사용해 볼 것을 추천한다.

오디오 트랙 믹서(Audio Track Mixer)—화살표 클릭

비어 있는 슬롯의 화살표를 클릭한다.

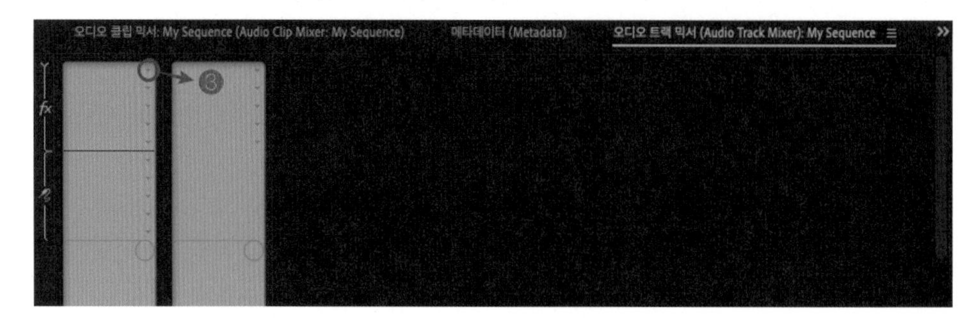

여러 가지 이펙터들이 나타나면 [특수(Special)]에서 [보컬 향상(Vocal Enhancer)]을 선택한다.

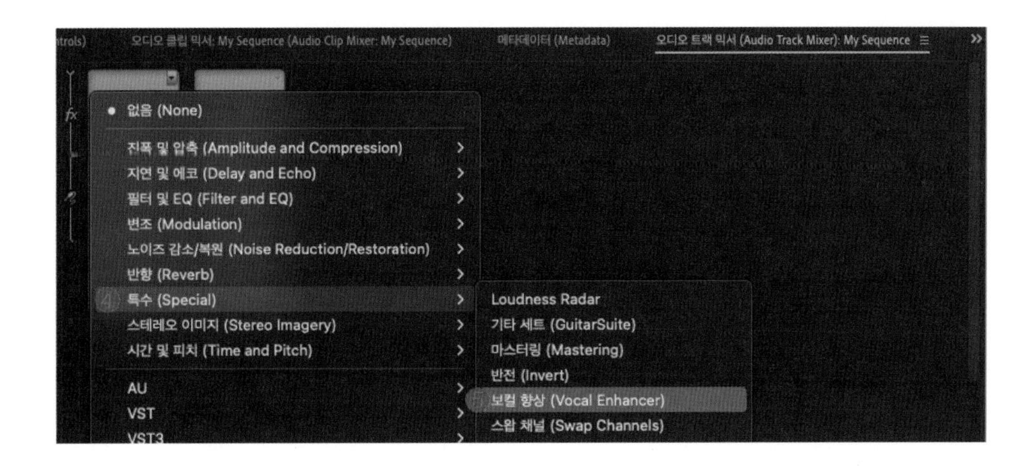

[보컬 향상(Vocal Enhancer)]을 삽입한 후에 슬롯에 있는 [보컬 향상(Vocal Enhancer)]을 더블 클릭하면 세부 설정을 할 수 있는 창이 열린다.

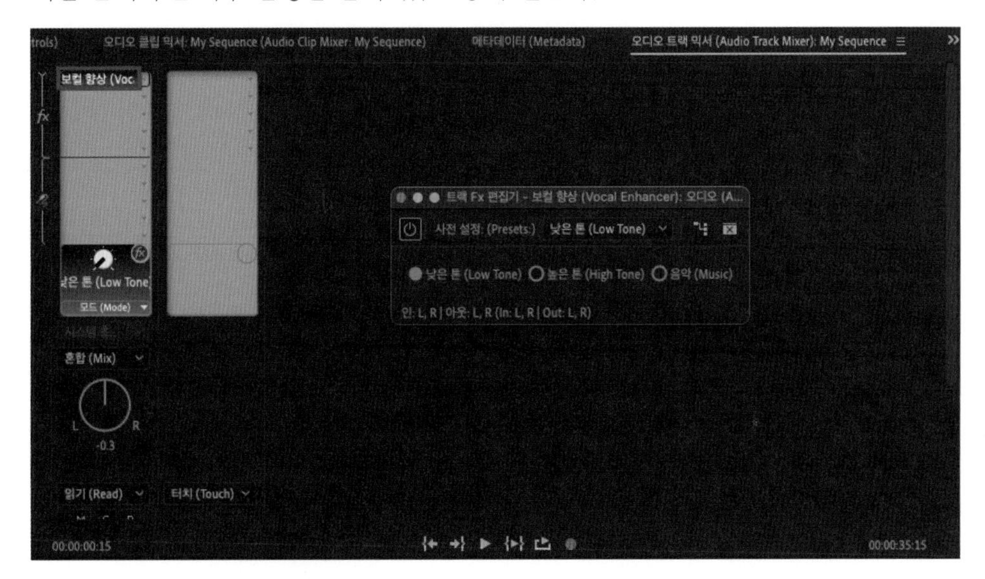

- **낮은 톤(Low Tone)** : 낮은 톤의 소리나 남성 음성의 소리를 최적화하는 기능이다.
- **높은 톤(High Tone)** : 높은 톤의 소리나 여성 음성의 소리를 최적화하는 기능이다.
- **음악(Music)** : 음악이나 배경음악이 내레이션과 같은 소리와 잘 어울릴 수 있도록 적절한 크기로 압축을 해주는 기능이다.

10 음향의 레벨 측정과 설정

유튜브 영상을 제작하거나 라이브 방송 시에 이상하게 소리가 작다고 느껴지는 경우에 직면할 때 음량 레벨에 대하여 고민을 해봤을 것이다. 그 이유에 대하여 살펴보자.
일단 유튜브를 비롯하여 방송용 콘텐츠들을 제공하는 경우에는 미디어 파일에 대한 규격들이 엄격할 수 있다. 비디오의 크기 및 해상도 등의 규격과 함께 오디오에 대한 규격도 존재한다. 일반적으로 오디오의 규격은 최대 음량과 관련이 있다. 영상을 조금 만들어 본 사람들을 포함하여 음악을 전공하는 학생들도 클리핑만 없으면 된다고 생각하는 경우가 많다. 하지만 피크가 뜨지 않을 정도로 음량을 꽉 채워서 볼륨이 작지 않게 만들었지만 다른 동영상이나 음악과 비교해 보면 이상하게 볼륨이 작다고 문의하는 경우를 많이 보아 왔다. 무엇이 문제일까? 일단 미디어의 납품 규격을 한번 살펴보자.

Platform	Peak	Roudness	Dynamic Range
스포티파이	−1.0 dBTP	−13 to −15 LUFS	>9DR
애플뮤직	−1.0 dBTP	−16 LUFS	>9DR
애플 팟캐스트	−1.0 dBTP	−16 LUFS	>9DR
아마존 뮤직	−2.0 dBTP	−9 to −13 LUFS	>9DR
유튜브	−1.0 dBTP	−13 to −15 LUFS	>9DR

〈LUFS 기준표〉

규격에서 볼 수 있듯이 음량의 규격을 LUFS를 기준으로 하고 있다. 그렇다면 LUFS는 무엇일까? LUFS(Louness Unit Full Scale)는 인간이 느끼는 소리의 크기를 측정하는 방식이다. 예를 들어보자. 실제 소리의 크기는 같아도 더 크게 들리는 경우가 있다 여자와 남자가 비명을 지르면 여자 소리가 더 크게 느껴지는 것과 같이 높은 주파수일수록 우리에게 더 크게 느껴진다.

RMS(Root Mean Square)보다 더 진보된 방식인데 이러한 LUFS가 사용되기 이전에는 RMS라는 방식을 사용해 왔다. RMS 역시 소리의 제일 큰 부분이 아니라 일반적인 크기를 측정하는 방식이다. 우리가 듣는 소리들은 크기가 계속적으로 변하고 있는데 가장 큰 부분만을 측정하는 방법으로는 소리의 크기를 알 수 없다. 단지 피크가 뜨는 것만을 체크하게 되는 것이고 소리의 제일 꼭대기 지점이라는 것은 순간적인 크기의 값일 뿐이고 전체값은 될 수 없다는 것이다.

일반적인 크기를 측정하는 VU 미터에 비해서 LU(Loudness Unit) 미터는 인간의 귀가 실제로 느끼는 청감각적 요소를 고려하여 RMS를 측정하는 방식이다.

0LU는 디지털 헤드룸을 고려하여 −23LUFS로 정해 놓았다. 그래서 라우드니스의 기준은 절대적 수치 −23LUFS를 0LU로 정해서 사용한다. 그리고 한국은 방송통신위원회에서 −24LUFS를 기준으로 0LU를 맞추는 것을 권고하여 −24LUFS로 사용한다.

유튜브에 업로드한 영상의 오디오 레벨이 −14LUFS보다 큰 경우에는 유튜브에서 자동으로 볼륨을 줄인다. 하지만 오디오 레벨이 작은 영상의 경우에는 자동으로 커지지 않는다. 그러면 소리가 작을 때는 문제지만 일단 크게 만들면 유튜브가 알아서 작게 만들어 주니까 크게 만들면 되지 않을까 생각할 수도 있지만 좋지 않은 방법이다. 왜냐하면 오디오의 크기가 줄어들면서 다이내믹 레인지도 줄어들게 되기 때문이다. 다이내믹 레인지라는 것은 소리의 크고 작은 부분의 간격인데 이 간격이 너무 줄어들게 되면 소리가 답답해지기 때문이다. 그렇기 때문에 동영상을 제작할 때 오디오 레벨의 정확한 기준을 가지고 제작하는 것이 제일 좋은 방법이다.

그렇다면 일단 프리미어 프로에서 설정을 해보자

편집이 완료되었거나 편집이 완료된 파일을 열어서 타임라인 패널을 클릭하여 타임라인 패널을 선택한다.

파일(File)－내보내기(Export)－미디어(Media)

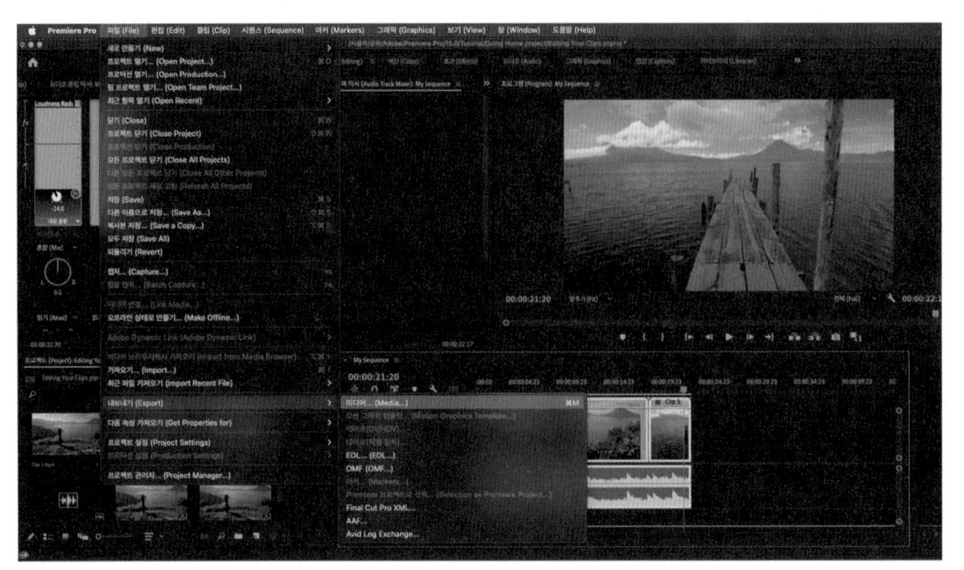

[내보내기(Export)]에서 [미디어(Media)]를 선택하면 내보내기 창이 열릴 것이다.

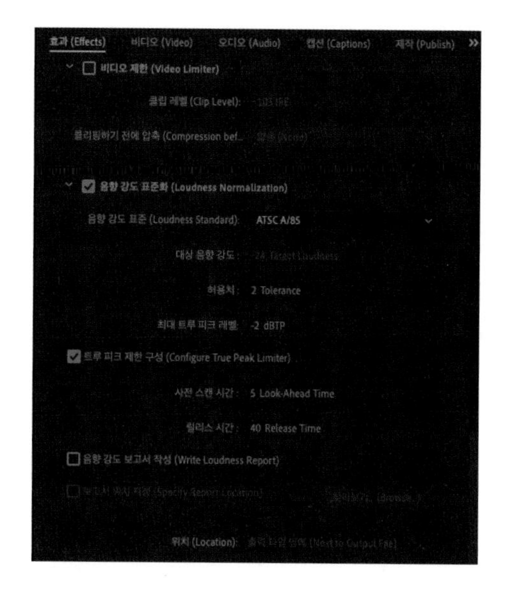

설정창에 보면 [효과(Effects)] 부분이 있다. 이건 파일을 내보내기 할 때 공통적으로 이펙터를 적용한다는 것인데 여기서 [음향 강조 표준화(Loudness Normalization)]에 체크한다.

- **음향 강조 표준(Loudness Standard)** : 음향 강조 표준(Loudness Standard) 부분을 보면 ATSC A/85로 되어 있다. ATSC는 미국의 텔레비전 위원회이고 우리나라는 ITU BS로 정해져 있다고 하는데 수치 값이 동일하기 때문에 그냥 두면 된다.
- **대상 음향 강도(Target Loudness)** : −24 Target Lodness로 되어 있는 것을 확인할 수 있는데 −24 LUFS라고 보면 된다.
- **허용치(Tolerance)** : 2 Tolerance로 되어 있는데 오차 범위를 말한다. 기본적으로 되어 있는 2LU를 주면 된다.
- **최대 트루 피크 레벨(Max True Peak Level)** : [최대 트루 피크] 레벨을 설정하고 이 값을 초과하면 피크 미터가 작동한다.
- **트루 피크 제한 구성(Configure True Peak Limiter)** : 피크를 방지하기 위한 기능으로 체크한다.
- **사전 체크 시간(Look−Ahead Time)** : 트루 피크를 읽기 위해 사전 검토하는 것인데 기본값을 주면 된다.
- **Release Time** : 트루 피크 리미터가 작동하였다가 해제되는 시간이다.

11 정확한 음량을 측정하기 위한 오디오 효과(Audio Effects)

1. 음량 강도 레이더(Loudness Radar)

음향의 크기인 LKFS를 측정한다. LKFS는 LUFS와 동일하다고 보면 된다. LKFS는 국제 전기 연합 통신인데 한국에서 사용하고 LUFS는 유럽 방송 연합이다.

오디오 트랙 믹서(Audio Track Mixer)—화살표 클릭

비어 있는 슬롯의 화살표를 클릭한다.

여러 가지 이펙터들이 나타나면 [특수(Special)]에서 [Loudness Radar]를 선택한다.

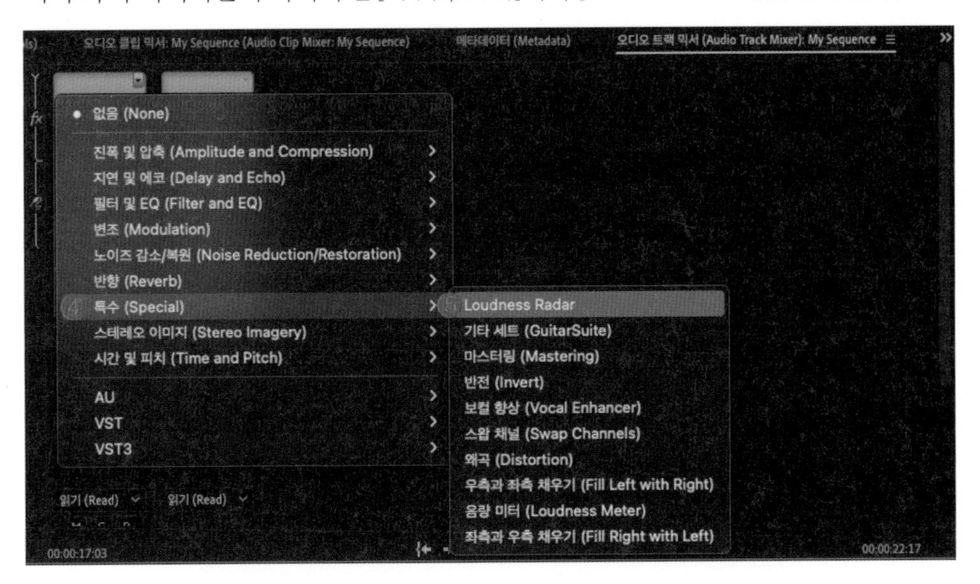

[Loudness Radar]를 삽입한 후에 슬롯에 있는 [Loudness Radar]를 더블 클릭하면 세부 설정을 할 수 있는 창이 열린다.

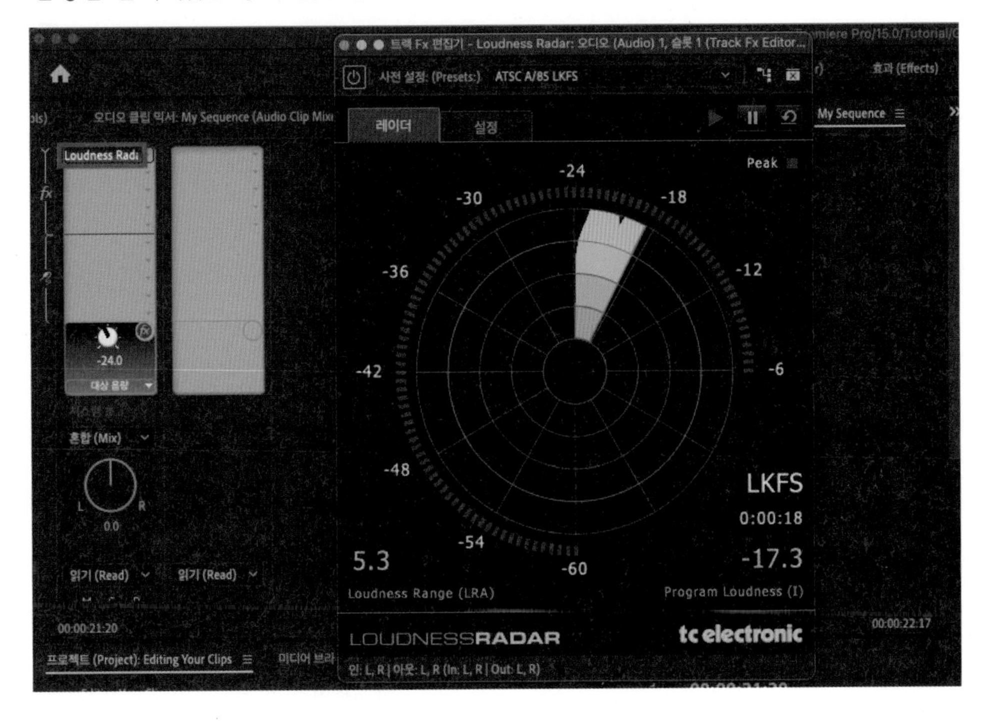

[Loudness Radar]는 음향의 강도를 측정하는 미터이다. [사전 설정(Presets)]에서 [ATSC A/85 LKFS]를 선택하면 된다.

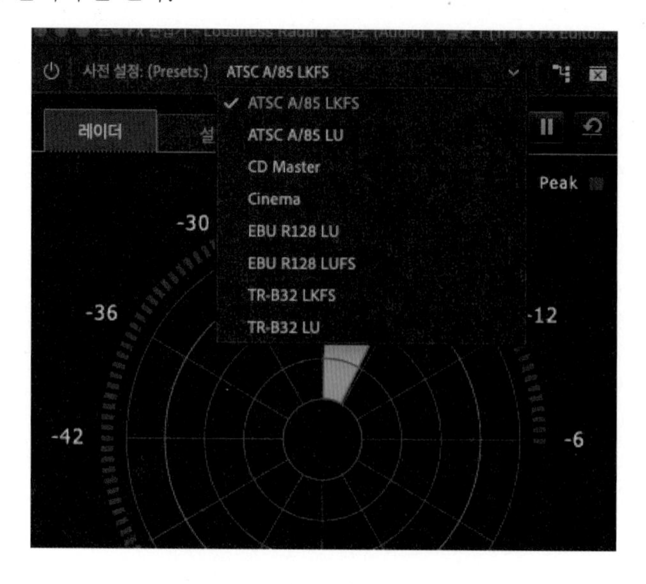

[Loudness Radar]가 열려 있는 상황에서 소리를 재생하면 측정이 시작된다.

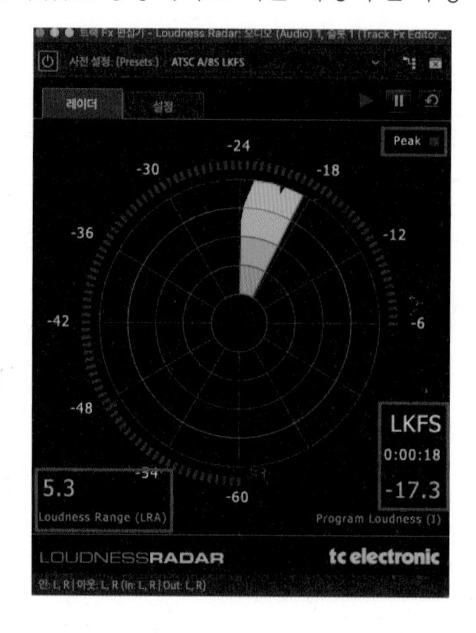

재생을 멈추고 확인한다.

레이더(Radar)

- Peak : 피크가 검출되었는지를 체크해 주는 기능이다.
- Loudness Range : 소리의 크고 작은 부분의 간격을 알려주는 기능이다.
- LKFS : 재생시간과 함께 LKFS의 크기를 알려주는 기능이다. 재생시간 안에서의 크기만 측정하는 방식이니 꼭 처음부터 끝까지 재생을 해야 한다.

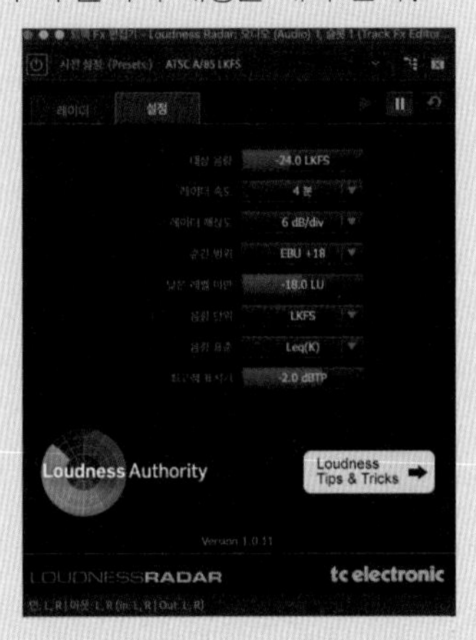

설정(Settings)

- **대상음량(Target Loudness)** : LKFS의 값을 정의한다.
- **레이더 속도(Radar Speed)** : 레이더 스윕(회전속도, 이미지 갱신)의 시간을 제어한다. 시간을 설정하여 시각적으로 보여주는 기능이다. 시간이 짧을수록 빠르게 그래프를 보여준다.
- **레이더 해상도(Radar Resolution)** : 그래프의 해상도를 설정하는 기능이다. 숫자가 클수록 더 미세하게 보여준다.
- **순간 범위(Momentary Range)** : [EBU +9]은 좁은 음량 범위를 나타내며 일반 방송에 사용한다. [EBU +18]은 넓은 음량 범위를 나타내며 드라마와 음악에 사용된다.
- **낮은 레벨 미만(Low Level Below)** : 순간적으로 울리는 음량이 보여주는 녹색과 파란색 미터 영역 사이 움직임을 설정한다.
- **음량 단위(Loudness Unit)** : [LUFS], [LKFS], [LU]의 측정 단위를 설정한다.
- **음량 표준(Loudness Standard)** : 음향 강도의 표준을 설정한다.
  [Leq(K)]는 음량을 캐나다에 있는 정부 산하 연구기관의 특정 주파수 가중치 적용 방법으로 측정한다.
  [BS.1770 3]은 브로드캐스트 음향 강도 및 트루 피크 레벨 측정치를 다룬다.
- **최고점 표시기(Peak Indicator)** : 최대 트루 피크 레벨을 설정하고 이 값을 초과하면 피크 미터가 작동한다.

[Loudness Radar]는 최종 트랙인 혼합(Mix)트랙에서 사용하여 최종적인 볼륨의 크기를 확인하여 사용하면 된다. 피크가 뜨기 직전까지 소리를 키운다 하여도 LUFS(LKFS)를 모른다는 것은 소리를 제어하는 기준이 전혀 없다는 것이니까 반드시 LUFS(LKFS)를 이해하고 사용할 것을 적극 추천한다.

2. 음량 미터(Loudness Meter)

LUFS(LKFS)를 분석하는 미터이다. 일반적으로 음악 작업을 할 때도 이러한 방식의 미터를 사용하여 참조하고 음량을 제어한다.

오디오 트랙 믹서(Audio Track Mixer)－화살표 클릭

비어 있는 슬롯의 화살표를 클릭한다.

여러 가지 이펙터들이 나타나면 [특수(Special)]에서 [음량 미터(Loudness Meter)]를 선택한다.

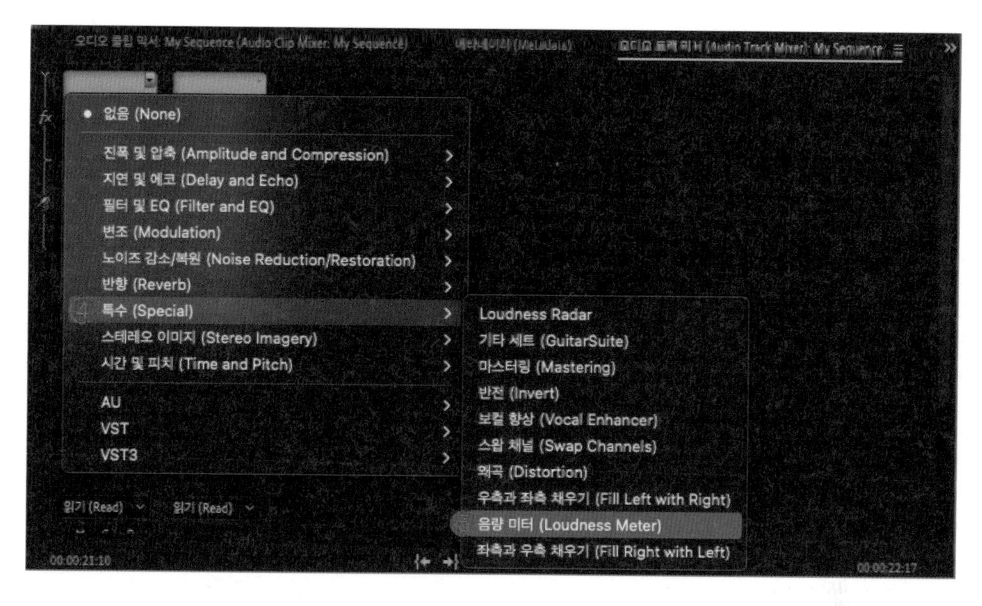

[음량 미터(Loudness Meter)]를 삽입한 후에 슬롯에 있는 [음량 미터(Loudness Meter)]를 더블 클릭하면 세부 설정을 할 수 있는 창이 열린다.

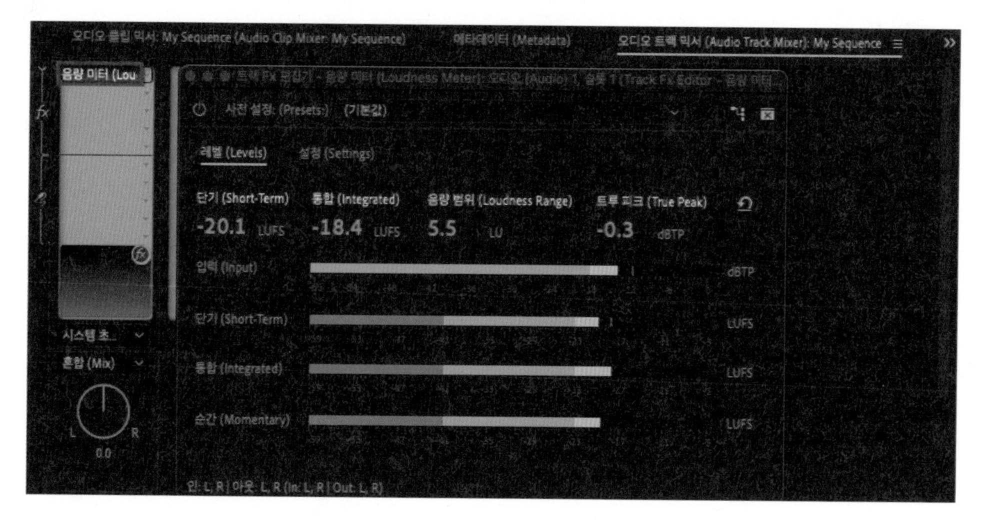

소리를 재생하기 시작하면 그 소리를 분석하여 모니터링을 할 수 있다.

레벨(Levels)

- **단기(Short–Term)** : 3초마다의 시간 창을 사용하여 3초 동안의 음향 강도를 나타낸다.
- **통합(Intergrated)** : 소리의 전체 크기의 평균을 계산하여 전체적 음량을 나타낸다.
- **음량 범위(Loudness Range)** : 소리의 작고 큰 부분의 범위를 나타낸다.
- **트루 피크(True Peak)** : 트루 피크가 발생한 구간을 보여준다.
- **순간(Momentary)** : 400ms의 시간 창을 사용하여 순간적인 음량을 보여준다.

설정(Settings)

- **대상 음향 강도(Target Loudness)** : LUFS의 값을 정의한다.
- **이하 낮은 레벨(Low level Below)** : 순간적으로 움직이는 음량이 보여주는 녹색과 파란색 미터 영역 사이 움직임을 설정한다.
- **최대 트루 피크(Maximum True Peak)** : [최대 트루 피크] 레벨을 설정하고 이 값을 초과하면 피크 미터가 작동한다.
- **비율(Scale)** : 음향 강도의 표준을 설정한다. [EBU +9]은 좁은 음량 범위를 나타내며 일반 방송에 사용한다. [EBU +18]은 넓은 음량 범위를 나타내며 드라마와 음악에 사용된다.
- **단위(Unit)** : [LUFS], [LKFS], [LU]의 측정 단위를 설정한다.

LU 미터링이 적용된 라우드니스 미터를 보면 우리가 제작한 사운드의 소리 크기가 얼마나 되는지 쉽게 체크가 가능하다. 특히 이 안에는 True Peak를 검출할 수 있는 내용도 포함되어 있어 마스터링 시에 매우 유용하다. 즉 사운드가 얼마나 Flat하고 크게 만들어져 있는지 쉽게 알 수 있다. 꼭 사용하자.

12 소리의 마지막 단계

■ 마스터링(Mastering)

마스터링은 믹스된 오디오 파일을 최종적으로 최적화하는 전체 처리 과정이다. 소리의 특성, 부족하거나 과한 저음이나 고음, 적당한 크기의 볼륨 등 사운드의 전체적인 부분을 디자인하는 과정인 것이다.

오디오 트랙 믹서(Audio Track Mixer)−화살표 클릭

비어 있는 슬롯의 화살표를 클릭한다.

여러 가지 이펙터들이 나타나면 [특수(Special)]에서 [마스터링(Mastering)]을 선택한다.

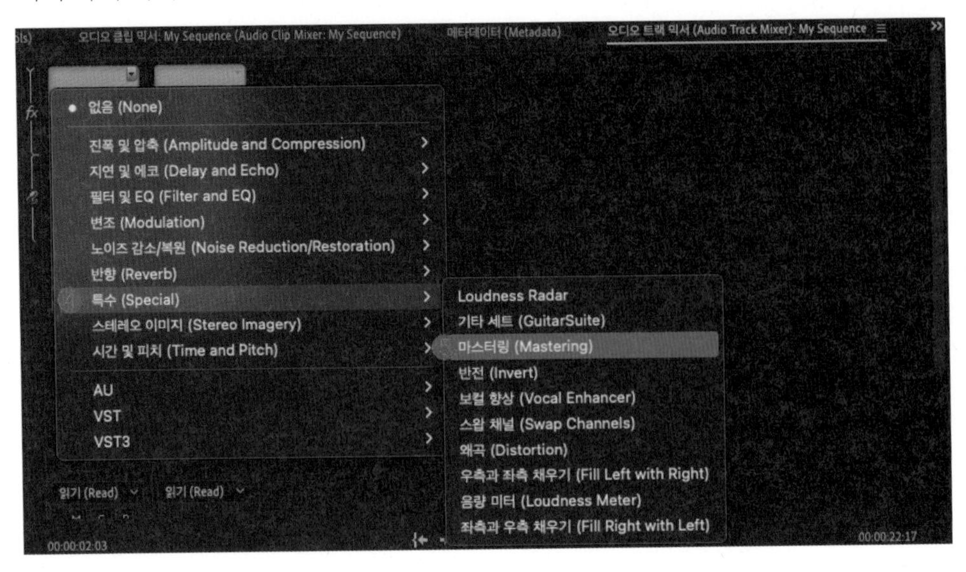

[마스터링(Mastering)]을 삽입한 후에 슬롯에 있는 [마스터링(Mastering)]을 더블 클릭하면 세부 설정을 할 수 있는 창이 열린다.

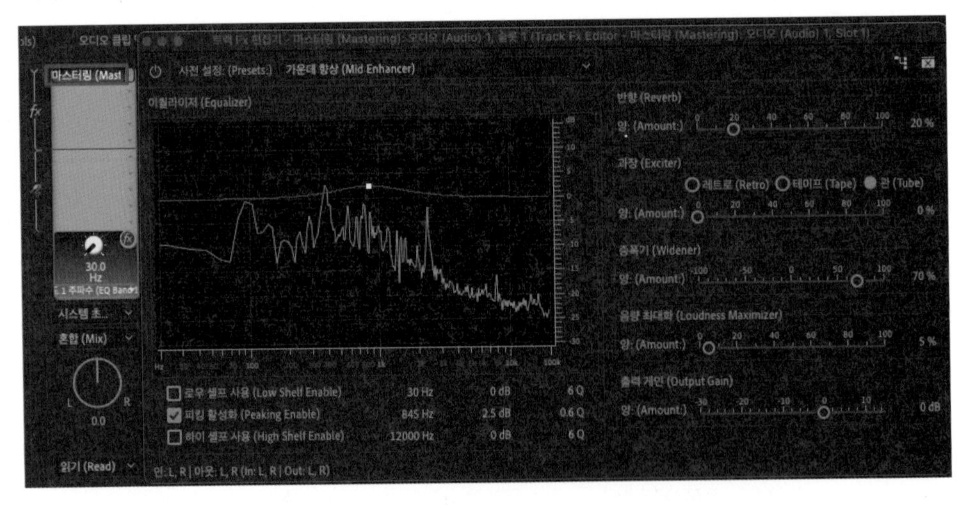

- **이퀄라이저(Equalizer)** : 재생을 시작하면 주파수의 진폭 변화를 보여주며 EQ사용법과 같다. 가로 눈금자(X축)는 주파수의 범위이며 세로 눈금자(Y축)는 진폭 변화를 보여준다.
- **로우 셀프 사용(Low Shelf Enable)** : 아래쪽의 저주파수 부분을 제어하기 위하여 셀프 방식의 필터를 활성화한다. 그리고 셀프(Shelf) 방식은 선반처럼 살짝 올리거나 내려서 사용하는 방식이다.
- **피킹 활성화(Peaking Enable)** : 피킹 방식의 필터를 활성화한다.
- **하이 셀프 사용(High Shelf Enable)** : 위의 고주파수 부분을 제어하기 위하여 셀프 방식의 필터를 활성화한다. 그리고 셀프(Shelf) 방식은 선반처럼 살짝 올리거나 내려서 사용하는 방식이다.
- **Hz** : 각 주파수 밴드의 중심 주파수를 나타낸다.
- **dB** : 각 주파수 밴드의 크기를 나타낸다.
- **Q** : 각 주파수 밴드의 폭을 제어한다. 일반적으로 증폭(부스트)를 할 때는 Q를 넓게(최대 3) 주어서 특정 주파수를 강조하는데 사용하고, 감소(커팅)를 할 때는 Q를 좁게(6-12) 주어서 문제가 있는 특정 주파수를 제거하는 데 사용한다.
- **반향(Reverb)** : 전체적인 공간감의 일치를 위하여 사용한다. 사용한 듯 안 한 듯 할 정도로 사용하는 것을 권장한다.
- **양(Amount)** : 원본 소리와 리버브의 비율을 결정한다.
- **과장(Exiter)** : 배음을 추가하여 소리를 풍부하게 하거나 톤을 왜곡시킨다. 중고음 쪽 악기나 소리에 잘 사용하면 소리가 따뜻해지거나 밝아지고 선명해진다.
- **레트로(Retro)** : 왜곡을 조정한다.
- **테이프(Tape)** : 밝은 톤을 조정한다.
- **관(Tube)** : 빠른 동적 응답을 조정한다.
- **양(Amount)** : 원본 소리와 과장(Exiter)의 비율을 결정한다.
- **증폭기(Widener)** : 스테레오 이미지를 설정한다. 모노 사운드라면 사용하지 않도록 자동 설정되어 있다.
- **양(Amount)** : 슬라이더를 왼쪽으로 움직이면 스테레오가 좁아지며 소리가 센터 쪽으로 몰리며 슬라이더를 오른쪽으로 움직이면 스테레오가 넓어지며 개별 소리들의 공간감이 향상된다.
- **출력 게인(Output Gain)** : 소리들의 이펙터 처리 후 전체 레벨을 결정한다.
- **양(Amount)** : 소리의 레벨을 결정한다.

개별 트랙에서 EQ를 포함하여 다른 이펙터로 열심히 설정하였다고 하여도 최종 트랙에서 마스터링을 하는 것은 무척 중요하고 반드시 해야 하는 작업이다. 수동 설정이 자신 없다면 [사전 설정(Presets)]을 이용해서 사운드를 들어보고 마음에 드는 것을 그대로 사용하거나 조금만 수정해서 사용하는 것을 권장한다. 중요한 마무리 작업이니까 습관적으로 반드시 최종 트랙에서는 마스터링 작업을 하자.

지금까지 프리미어 프로의 오디오 이펙터를 중심으로 살펴보았다. 프리미어 프로의 모든 이펙터를 다루지 않은 이유는 꼭 알아야 할 이펙터들의 개념과 사용법이 더 중요하다고 생각해서이다.
이 책에 나온 이펙터들의 사용법을 확실히 알아두면 프리미어 프로 이외의 다른 프로그램을 사용할 때도 도움이 되리라고 생각했다. UI는 프로그램마다 차이가 나지만 기본적인 사용법은 같기에 이펙터들의 개념만 확실하게 터득한다면 사운드를 디자인하면서 더 좋은 콘텐츠를 만들 수 있을 것이라고 생각한다. 그리고 이펙터들은 기능과 이름을 영어로 학습하는 것을 추천한다. 그래야 다른 프로그램이나 외장 이펙터 사용 시 쉽게 접근하여 응용할 수 있다. 소리를 다루는 작업이란 눈에 보이는 것이 아니기에 오랜 반복과 경험이 필요하다. 항상 동영상이라는 것은 비디오와 오디오의 결합이라는 것을 잊지 말고 좋은 사운드를 얻도록 노력하자.

마치며

동영상 편집을 위하여 20여 년 전에 자주 사용하던 영상편집 프로그램 안내를 위한 책을 만들려고 한 적이 있었다. 다른 일 때문에 결국 책을 내지 못하고 지나간 적이 있었다. 하지만 시간이 흘러도 내가 아는 노하우를 통해 다른 이들에게도 도움을 주고 싶은 마음은 여전했다.

요즘은 전문적으로 촬영하고 편집하는 직업을 가지지 않은 일반인들도 유튜버나 스트리머가 되기 위하여 콘텐츠를 만들고 동영상 편집을 하고 장비를 사서 촬영하는 것을 쉽게 볼 수 있다. 그리고 인터넷을 조금만 검색해 보면 촬영 장비와 편집 노하우에 관련된 자료들을 쉽게 찾을 수 있다.

하지만 좋은 오디오를 위한 방법과 자료는 여전히 찾기가 쉽지 않았다. 좋은 촬영장비와 편집에 관련된 자료들은 아주 많았지만 촬영에 꼭 따라붙는 매우 중요한 장비인 마이크에 대해서는 음향 전문가를 위한 책을 제외하고는 기본적인 개념을 알기 쉽게 풀이한 자료를 찾기 힘들었다. 그리고 사운드 디자인 방면으로는 전문가인 음향 엔지니어나 뮤지션들은 오디오 이펙터의 개념과 방법들을 기본적으로 많이 알고 있지만 영상 편집에 대해서는 관심이 별로 없는 경우가 많았고 반대로 영상 편집을 잘하는 전문가들도 사운드 디자인에 관해서 간단한 기능 외에는 오디오의 전문적인 지식을 얻기가 쉽지 않으리라는 생각이 들었다. 이런 점 때문에 영상편집 전문가는 물론 영상편집에 관심이 있는 일반인들에게 도움이 될 쉽고도 참신한 자료를 궁리하다가 고심 끝에 이 책을 내게 되었다.

이 책은 이제 막 영상 편집을 시작하는 초보자들과 이미 프리미어 프로를 이용해서 편집을 어느 정도 할 수 있는 사람들을 위하여 집필되었다. 이미 프로그램 매뉴얼과 편집 방법은 좋은 자료들이 넘쳐나기에 그 부분들에 대해서는 일절 다루지 않았다.

다만 아쉬운 점은 더 깊이 있게 사운드 디자인에 대한 경험과 사용법을 말하고 싶었지만 음향 전문가가 아닌 경우에는 오디오 이펙터라는 것을 오히려 어렵게 느끼게 만들어 아예 접근을 하지 않을 것 같았다. 그래서 되도록 간단하고 명료하게 필요한 부분만 설명하려고 하였으니 느긋한 마음을 가지고 처음부터 읽어서 전체적인 개념을 이해한 후에 필요한 부분 위주로 하나씩 찾아보고 습득하기를 바란다.

음질 보정을 위한 레코딩 방법과
프리미어 프로 오디오 이펙터 사용법

프리미어 프로의 오디오 이펙터 테크닉

초판 1쇄 발행 2022년 2월 25일
지은이 | 이정원
펴낸이 | 정광성
펴낸곳 | 알파미디어
등록번호 | 제2018-000063호
주소 | 서울시 강동구 천호옛12길 46 2층 201호
전화 | 02 487 2041
팩스 | 02 488 2040

ISBN 979-11-91122-32-9 (03500)
값 18,000원

* 이 저서는 2021학년도 국제사이버대학교 연구비에 의하여 연구된 것임